KB246544

L'ecole douce's Secret Recipe

시크릿 레시피

레꼴두스 정홍연 지음

BnCworld

세련된 단맛을 위하여

한국에서 먹을 것에 대한 최고의 칭찬은 흔히 "달지 않아서 맛있다"입니다. 어쩐지 찜찜해집니다. 요리의 핵심은 소금일지라도 과자의 핵심은 설탕인데, 달지 않아서 맛있다는 말이 제게 있어서는 그다지 칭찬으로 들리지 않습니다. 잘 생각해보면 한국사람들은 맛에 대한 표현력이 부족해서 그런 것일 수도 있겠다는 생각이 듭니다. 그래서 다시 한번 반문합니다. 그렇다면 멜론이나 수박이 달지 않아서 맛있는 걸까? 그건 또 아니라고 합니다. 어떤 것은 단 것이 좋고 어떤 것은 달지 않은 것이 좋고… 참 어렵습니다.

곰곰이 생각해서 내린 결론은 누구나 맛있게 단 것은 좋아한다는 사실입니다. 최근 들어 식생활이 변하면서 더욱더 많은 사람이 단 것을 즐기고 있습니다. 하지만 그에 비해 맛있는 과자에 대한 기억은 많지 않은 것 같습니다. 우리는 누군가의 생일이 되면 케이크를 사서 함께 나누어 먹었습니다. 하지만 쇼케이스 안에 오래 있어 단맛이 변형되었던 탓인지 케이크에 대한 기억은 좋지 않게 남아 있는 것 같습니다. 저는 그것을 단맛의 트라우마라고 표현합니다. 사람들은 단맛을 선호하지만 맛이 없는 단맛을 싫어하는 것뿐입니다.

"그렇다면 달지 않으면서 맛있는 케이크와 과자를 어떻게 만들 수 있을까?"라는 고민을 해보기도 했습니다. 하지만 설탕이 하는 역할은 단맛을 만들어내는 것만이 아닙니다. 설탕은 과자가 산화되는 것, 곰팡이가 나는 것, 맛이 변형되는 것 등을 막아줍니다. 또한 생소하게 들릴지도 모르겠지만, 케이크를 부풀려주거나 맛있게 보이도록 색을 내는 역할도 합니다. 하지만 사람들은 막연하게 달지 않은 것을 좋아하고, 건강을 위한다는 생각에 설탕을 빼곤 합니다. 그러면 부피가 줄어들고, 입에 머무는 시간이 늘어나면서 잡미들이 생겨 맛의 밸런스가 망가지기 마련입니다. 그래서 저는 세련된 단맛을 가진 과자를 만들려면 일단 설탕을 잘 이용하는 것이 좋다고 생각합니다. 설탕을 줄이는 것만이 최선이 아니니까요.

현대 사회에서 편협하게 한 부분만 부각되어 부정적으로 평가받는 것이 설탕이 아닌가 생각합니다. 하는 일은 굉장히 많은데 욕만 먹고 삽니다. 그래서 저는 이 책을 통해 새로운 시각을 가진 설탕의 대변인으로서, "달아서 맛있네"라고 느낄 수 있는 세련된 단맛의 케이크와 과자들을 여러분과 만들고 싶습니다.

레꼴두스 오너셰프 정홍연

Contents 목차

Part 03 | 타르트

Part 04 | 파운드 & 카스텔라

Part 05 | 파이

Part 06 | 케이크

Part 07 | 사탕

Part 08 | 디저트

Baking Basics 베이킹의 기본

1 자세

1 레시피는 작업에 들어가기 전에 한번 훑어보는 것이 좋다. 미리 준비할 것, 휴지(냉장) 등의 과정을 미리 숙지하면 작업하기가 훨씬 수월하다.

2 작업대는 작업자의 허리 높이가 가장 좋다.

3 작업자는 작업대와 주먹 하나가 들어갈 정도의 공간을 두고 선다.

4 작업에 필요한 도구는 손에 닿기 쉬운 곳에 둔다.

2 계량하기

1 수평인 작업대에 전자저울을 올려둔다.

2 하나하나의 재료들을 각각 따로 전자저울로 정확히 계량한다.

3 달걀은 볼에 포크로 푼 다음에 계량한다. 이때, 볼의 무게는 미리 확인해둔다.

4 적은 양을 계량할 때는 특히 실리콘주걱으로 깨끗하게 긁어서 사용한다. 그릇에 남는 양이 있을 경우 재료간의 비율에 오차가 생겨 제품의 완성도가 떨어진다.

3 가루 체 치기

1 볼의 물기를 제거한다.

2 볼에 가루류를 넣고 거품기로 잘 섞은 뒤 체를 친다. 작은 덩어리도 남아 있지 않도록 한다.

3 체 친 후 체에 남은 덩어리는 손으로 가볍게 부숴 내려준다.

4 체를 칠 때 손으로 눌러 비벼서 체를 치게 되면 아몬드 파우더 등과 같은 견과류의 경우 유분이 나오게 되므로 주의한다.

5 체를 치고 남은 굵은 입자는 믹서기로 갈아서 사용한다.

6 체 친 가루는 한 시간 이내에 사용하도

3-2

4

5

록 한다. 체 치는 과정에서 가루 입자 사이에 공기를 넣어주게 되는데, 시간이 지나면 공기가 빠져 가라앉기 때문이다.

4 섞기

1 섞는 것과 거품 내는 것을 혼동하지 않는다.

2 섞는 것은 실리콘주걱을 사용하고, 거품을 낼 때는 거품기를 사용한다.

3 노른자와 설탕이 만나면 금방 덩어리가 생기기 시작하므로, 설탕을 넣자마자 섞는다.

4 주걱으로 반죽을 섞을 경우 볼을 세로로 반 가르듯이 한 다음 몸 쪽으로 반죽을 뒤집어 섞어주는 동시에 볼을 주걱의 반대방향으로 돌려가며 반죽을 고루 섞는다. 볼 옆면에 붙어 있는 여분의 반죽이 남아 마르지 않도록 중간중간 주걱으로 가장자리를 긁어 섞어준다.

5 머랭

1 머랭은 대부분 차가운 흰자를 이용해서 만든다. 머랭을 만들기 직전에 냉장고에서 꺼내 사용한다.

2 이물질이 들어가면 좋은 머랭을 만들기 힘들다. 이물질이 들어가지 않도록 주의하고, 볼과 도구는 물기가 없도록 깨끗하게 닦아 사용한다.

3 흰자에 노른자가 섞여 들어갔을 경우에는 꼭 덜어낸다.

4 머랭은 만든 직후 바로 사용한다. 사용 후 남은 머랭은 랩핑 후 냉장 보관하고, 사용 직전 거품기로 다시 머랭을 살린 뒤 사용한다.

5 머랭 만들기 – 첫 번째로 넣게 되는 설

탕이 너무 일찍 들어가게 되면 거품이 나기까지의 시간이 길어진다. 두 번째 설탕을 넣는 시점은 첫 번째 설탕을 넣고 생긴 머랭의 윤기가 많이 없어지면 넣는다. 중고속으로 돌리면서 머랭을 만들다가. 완성이 되었을 때 저속으로 한 번 가볍게 돌려서 큰 기포를 없애준다.

6 오븐

1 오븐은 열 때마다 약 10℃ 정도의 열 손실이 발생한다. 좀 더 정확히 굽기 위해 오븐은 굽기 20분 전에 10℃ 높은 온도로 예열하고, 반죽을 넣을 때 굽는 온도에 맞춘 뒤 사용한다.
2 제품을 균일하게 굽기 위해서는 색이 난 후 도중에 철판을 180° 회전시키는 것이 좋다. 단, 슈 등은 부푸는 중간에 오븐을 열지 않는다.

7 유화

1 수분과 유분이 잘 섞이는 것을 유화라고 한다. 버터가 들어간 반죽에 달걀을 부어가며 유화를 하는 경우가 많은데, 이때 항상 달걀은 조금씩 나눠 부으며 분리되지 않도록 주의한다.
2 유화가 잘 되지 않은 경우 반죽의 표면이 매끄럽지 않고 분리가 된다.
3 유화가 된 것은 시간이 지날수록 향과 식감이 향상되지만 유화가 잘 되지 않은 것은 시간이 지남과 동시에 퍽퍽함이 생기고 노화가 빨리 진행된다.
4 파운드케이크나 가나슈 등은 유화에 각별히 신경 써야 한다.

8 실리콘주걱 사용법

1 실리콘주걱의 중심을 엄지로 잡은 뒤 편하게 감싼다.
2 무거운 반죽을 만들 때는 될 수 있으면 짧게 잡고, 가벼운 것일수록 멀리 잡는다.
3 가루와 거품을 섞을 때는 한 손으로는 볼을 잡고 다른 한 손으로는 실리콘주걱으로 볼의 벽을 긁으며 볼을 회전시킨다. 이 동작을 반복한다.
4 각이 진 용기에서 실리콘주걱을 쓸 경우에는 실리콘주걱의 각을 이용한다.

9 거품기 사용법

1 실리콘주걱과 잡는 방법은 동일하지만 손목에 부담을 주지 않게 잡는 것이 중요하다.
2 거품을 내지 않고 섞는 경우에는 펜을 잡듯이 잡고 바닥을 긁으며 원을 그린다.
3 생크림을 거품 낼 때는 거품기를 직각으로 세운 뒤 좌우 작은 동작으로 조용히 거품 낸다. 어느 정도 단단한 거품이 되면 타원형을 그리듯 조금 더 크게 움직이며 공기를 넣도록 한다.
4 달걀 노른자를 거품 낼 때는 볼을 조금 기울여 거품 낸다. 바깥에서 안쪽으로 볼을 가볍게 치면서 손목에 스냅을 준다.

10 밀대 사용법

1 쿠키 타르트 반죽을 밀 때는 반죽 안에 버터가 녹으면 잘 구워지지 않으므로 재빨리 같은 두께로 편다. 간단해 보이지만 의외로 어렵다.
2 버터가 녹아 반죽이 질어지면 냉장고에 다시 넣어 굳힌 뒤 밀어준다.
3 냉장고에서 반죽을 꺼내기 전에 광목과 밀대에 덧가루를 뿌린다. 덧가루는 끈적거리거나 붙는 것을 방지하는 것이므로 박

력분을 사용하게 되면 반죽에 박력분이 스며들어 레시피 자체가 변형된다. 그래서 조금 더 입자가 굵고 스며들기 어려운 강력분을 사용한다.

4 반죽이 처음에는 딱딱하므로 밀대에 체중을 실어 위에서부터 누르듯이 밀고, 몇 번씩 작은 동작으로 반죽을 넓힌다.

5 전체 체중을 실어서 가운데에서 몸 안쪽으로, 가운데에서 바깥쪽으로 늘인다. 한 번 밀고 반죽을 뒤집어 밀면 반죽이 붙지 않는다. 반죽을 끝까지 밀면 얇아지므로 항상 끝부분은 조금 남겨 두고 밀어준다.

6 필요 없는 덧가루는 붓으로 제거한다.

7 나무 밀대를 물로 세척하면 수축의 우려가 있으므로 행주로 닦은 뒤 말리는 것이 좋다. 광목에 붙은 버터와 반죽은 볼스크래퍼로 긁어 제거한 후, 따로 세탁한다.

11 짤주머니와 깍지 사용방법

1 일회용 짤주머니는 필요한 깍지 크기에 맞춰 입구를 자른다.

2 깍지를 끼운다.

3 깍지 안쪽으로 짤주머니를 조금 찔러 넣어 반죽이 새어 나오지 않게 깍지 구멍을 막은 후, 짤주머니의 입구 부분을 뒤집어 벌린다.

4 짤주머니의 1/3부분까지 반죽을 넣는다. 이때 짤주머니의 옆쪽에 반죽이 묻지 않도록 주의하며 볼스크래퍼로 반죽을 한 군데에 모은다.

5 반죽이 묽어 새어나오기 쉬운 경우에는 집게를 사용하면 흐르는 것을 막을 수 있다.

6 짤주머니의 제일 뒷부분만 반복적으로 눌러서 짜게 되면 그 부분의 반죽상태가 나빠지게 되므로, 짤주머니의 1/3되는 부

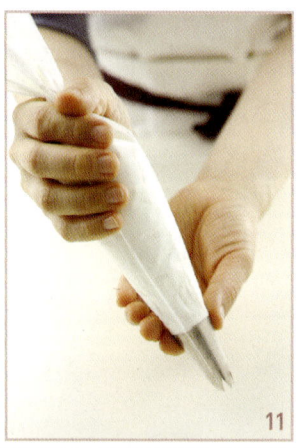

분에서 반죽을 나누어 한 손으로 잡아 짜고, 다른 손으로는 짤주머니의 뒷부분을 잡아 반죽이 흐르는 것을 방지한다.

7 끝에 남은 짤주머니 부분을 꼬아 반죽이 새지 않도록 잡고 짜기 시작한다.

12 짤주머니 짜는 방법

1 아몬드 크림과 같은 것을 타르트 안쪽에 짤 경우에는 중심에 놓고 깍지를 어느 정도 공중에 띄워 위에서부터 떨어뜨린다는 느낌으로 짜면서 안에서 밖으로 원을 그리며 돌린다.

2 마카롱 등을 짤 때에는 깍지는 움직이지 않고 바로 위에서 같은 힘으로 같은 시간 동안 짠다. 마지막에는 짜는 힘을 빼고 깍지를 가볍게 위로 해서 살짝 끝을 돌리면서 끊어낸다.

3 에클레어 등 긴 반죽을 짤 경우에는 짤주머니를 기울여 각도를 낮추어 깍지 자체를 철판에 거의 대고 같은 힘을 주면서 빠르게 잡아당긴다. 마지막에는 힘을 빼서 살짝 들어올리듯이 끊는다.

13 볼스크래퍼와 팔레트나이프 사용법

1 볼스크래퍼와 팔레트나이프는 비스퀴나 비스퀴 조콩드 등을 철판에 펼 때 사용한다.

2 볼스크래퍼는 쿠키나 딱딱한 반죽을 긁을 때 사용한다.

3 팔레트나이프를 사용할 때에는 나이프 끝까지 힘이 가도록 사용한다.

4 팔레트나이프를 이용해 철판의 반죽을 펼 때는 먼저 반죽을 철판에 부은 다음 철판의 중심에서 네 모서리 방향으로 ×자

로 반죽을 편다.

5 볼스크래퍼를 이용해 철판의 반죽을 펼 때는 자기 몸과 철판의 방향을 수평으로 맞춰서 볼스크래퍼를 왼쪽에서 오른쪽으로 움직인 다음, 끝나는 지점에서 다시 철판을 수평으로 맞춘 후 왼쪽에서 오른쪽으로 펴준다. 이렇게 네 면을 90°로 돌려가면서 편 다음 가운데 부분을 맞추고 두께를 일정하게 만든다.

14 틀 & 팬닝하기

1 틀은 제품을 뺀 뒤 뜨거울 때 바로 마른 천으로 닦는 것이 좋고, 물을 사용하여 세척할 경우 반드시 건조시켜 보관한다.

2 틀에 노루지를 깔 경우 매끈한 면에 반죽이 닿게 한다.

3 철판에 반죽을 올릴 때 촘촘하게 올리면 반죽이 부풀어 서로 붙을 수 있으므로, 어느 정도 간격을 두고 팬닝한다.

15 반죽에 대하여

1 굽는 반죽이 아니면 상하기 쉬우므로 반죽에 직접 손을 대지 않는다.

2 거품기에 묻은 반죽은 손으로 떼어 사용하는 것이 양과 재료의 비율에 차이기 적다.

3 비중이란 물 100g이 들어가는 용기에 반죽을 쟀을 때의 무게를 말한다. 공기가 많이 들어가 가벼울수록 무게가 적게 나간다.

4 비중이 너무 낮을 경우는 반죽이 너무 가벼운 경우로, 반죽 내 공기가 많아서 구울 때 많이 팽창한다. 나중에 오븐에서 꺼내면 찌그러진다.

5 비중이 너무 높은 경우는 반죽이 너무

무거운 경우로, 반죽 내 기포가 적어 열전도가 잘 되지 않기 때문에 달걀 비린내가 날 수 있다.

6 '리본 상태로 노른자 반죽 확인'하기란, 보통 노른자 거품의 완성도를 판단할 때 '리본 상태'라는 것으로 판단한다는 말이다. 리본 상태란 거품기로 반죽을 들어올려 반죽의 표면에 리본을 그리듯 흘려보았을 때 바로 사라지지 않고 형태가 남아 있는 상태를 말한다. 하지만 같은 리본 상태의 반죽이더라도 비중 편차가 매우 크기 때문에 육안으로만 완성도를 판단하기는 어렵다. 비중으로 반죽의 완성 여부를 확인하는 것이 가장 정확하다.

16 도구 & 재료 준비하기

1 전자레인지를 사용할까 가스레인지를 사용할까? : 이 책에서는 대부분 전자레인지로 재료를 데우곤 한다. 적은 양을 가스레인지로 데우게 될 경우 수분 손실량이 많아지고, 온도도 급격히 올라 조절이 어려우므로, 더 손쉽고 정확하게 만들고자 전자레인지를 사용한다.

2 초콜릿 녹이기 : 초콜릿은 전자레인지에 한번에 오래 데우게 되면 타는 경우가 생긴다. 전자레인지에 넣고 짧게 돌려가며 실리콘주걱으로 한 번씩 젓는다. 다 녹지 않고 조금 덩어리가 남아 있을 정도로만 전자레인지에서 녹인 뒤 남은 덩어리는 이미 녹아 있는 초콜릿의 잔열로 녹인다. 이렇게 하면 타는 위험 없이 초콜릿을 녹일 수 있다.

3. 젤라틴 불리는 방법 : 얼음물에 30분 이상 담궈서 불린 젤라틴을 키친타월에 올려 물기를 제거한 뒤 마르지 않게 덮어둔다.

01 K-아트레제 박력분

02 엘르&비르사의 고메버터

03 마스코바도 설탕

03 메이플 시럽 & 메이플 슈거

04 코코아 파우더

04 웨이스 초콜릿

05 루벡사의 마지팬

Baking Ingredients 베이킹에 필요한 기본 재료

01 밀가루 글루텐의 함량에 따라 강력분, 중력분, 박력분으로 나뉜다. 글루텐의 함량이 많은 강력분은 빵을 만들 때 쫄깃한 식감을 주고, 박력분은 바삭한 쿠키나 부드러운 케이크를 만들기에 좋다. 중력분은 일반적으로 많이 쓰이는 밀가루로 강력분과 박력분의 중간 정도의 성질을 가지고 있다. 그러나 최근에는 단순히 세 종류로 구분하지 않고, 용도에 따라 특수화된 밀가루가 많이 나와 있다. 바게트의 크러스트가 바삭하게 나오도록 공정한 강력분이나, 입에서 녹을 정도로 부드러운 제누아즈를 만들 수 있는 박력분 등이 그런 경우다.

레꼴두스에서는 케이크에 아트레제라는 박력분을 사용한다. 입자가 일반 박력분보다 훨씬 미세하고, 글루텐과 전분 함량이 케이크에 최적화되어 있어 더 촉촉하고 부드러운 케이크를 만들 수 있다.

02 버터 버터는 용도에 따라 다르게 사용해도 좋다. 레꼴두스에서는 매일유업의 버터와 엘르&비르사(社)의 고메버터를 사용하고 있다. 매일유업 버터의 경우 맛이 부드럽고 수분이 많아 원재료가 가진 맛을 해치지 않고, 고메버터의 경우 맛이 진하고 깊으며 수분량이 적어 타르트 반죽이나 쿠키 등에 쓰면 완성도와 풍미가 좋아진다. 우리나라 버터의 경우 구제역 이후로 수급이 어려운 경우가 있으니 맞춰 사용하면 된다. 흔히 반죽을 만들 때 실온에 둔 버터를 사용한다고 하는데 그럴 경우 사용하기 30분, 겨울에는 그 이상 전에 꺼내둬 말랑해진 상태에서 사용한다. 급할 경우에는 전자레인지 해동모드를 사용해서 살짝만 돌리면 되는데 주의할 것은 한번 녹은 버터는 다시 굳혀도 원래의 성질로 돌아가지 않기 때문에 녹인 버터로만 사용이 가능하다.

03 설탕 이 책에서는 흔히 쓰이는 흰 설탕 외에 정제하지 않아 미네랄이 풍부하고 풍미가 살아 있는 마스코바도 설탕도 사용한다. 생협에서 공정거래무역을 통해 국내에 들여오는 제품으로 쿠키 등에 사용하면 맛이 더욱 깊어진다. 메이플 슈거는 단풍나무 수액을 오래 끓여 수분을 전부 증발시키고 남는 물질로, 쉽게 타버리기 때문에 만들기가 어려운 제품이다. 메이플 시럽이 액체라 반죽에 넣기 힘들었다면 메이플 슈거는 설탕 대신 사용하면 미네랄 성분의 함량을 높이고 적은 양으로도 향을 풍부하게 내고 당도를 높일 수 있다. 또 당성분이 적기 때문에 비교적 안심하고 먹을 수 있으며 무엇보다 메이플 향을 풍부하게 살릴 수 있다는 장점이 있다. 레꼴두스에서는 Citadelle사(社) 제품을 사용하고 있다.

04 초콜릿 초콜릿은 크게 화이트, 밀크, 다크로 나뉜다. 다크초콜릿은 카카오매스, 카카오버터, 설탕으로 만든 것으로 매스의 함량에 따라 초콜릿의 진함을 구분한다. 밀크초콜릿은 다크초콜릿 성분에 우유가 들어가서 더 부드럽게 먹을 수 있고, 화이트초콜릿의 경우 밀크초콜릿에서 카카오매스 성분이 빠진 초콜릿이다. 레꼴두스에서 사용하는 웨이스 초콜릿은 화학합성물, 식물성 유지를 사용하지 않은 순수한 초콜릿이라 풍미가 부드럽고 여운이 있다. 코팅용 초콜릿은 식물성 유지를 포함한 것으로 유동성이 있어 작업하기가 편하므로 글라사주 등에 사용하면 좋다. 코코아 파우더는 카카오매스를 가루로 만든 것으로 음료용 코코아 파우더와는 성분 자체가 다르므로 혼동하지 않도록 한다.

05 마지팬 아몬드와 설탕을 기본으로 한 페이스트다. 로스팅한 아몬드를 사용하여 익히지 않고 바로 사용할 수 있는 마지팬과, 로스팅 공정이 없어 익혀서 사용해야 하는 아몬드 페이스트가 있다. 레꼴두스에서는 마지팬을 만들어 사용하기도 하고 루벡사(社)의 마지팬을 사용하기도 한다. 반죽에 넣을 경우 촉촉함과 부드러움을 유지하는 데 도움을 준다.

Baking Ingredients 베이킹에 필요한 기본 재료

06 바닐라 빈 바닐라 빈은 크게 원산지에 따라 마다가스카르산과 폴리네시아산으로 나뉜다. 일반적으로 많이 쓰이는 바닐라 빈은 마다가스카르산이고, 폴리네시아산 바닐라 빈은 마다가스카르산보다 비싸지만 꽃 향이 더욱 풍부하게 난다. 폴리네시아산 바닐라 빈의 경우 마다가스카르산보다 길고 두껍다. 바닐라의 향을 강조하고자 하는 제품엔 폴리네시아산 바닐라 빈을 넣어서 포인트를 주면 더욱 색다른 맛을 느낄 수 있다. 바닐라 빈은 몸통이 통통하고 촉촉하며 말랑한 것이 신선하고 좋은 바닐라 빈이니, 구매할 때 참고하자.

07 슈거파우더 슈거파우더는 설탕을 곱게 갈아놓은 제품으로 보통은 설탕이 덩어리지지 않도록 전분이 들어 있다. 레꼴두스에서는 전분이 포함되지 않은 슈거파우더도 사용하는데, 쉽게 덩어리지는 성질 때문에 일반 슈거파우더와는 달리 유효기간이 짧은 편이지만 흰자로 거품을 만들 경우, 거품이 꺼지지 않고 흰자와 잘 섞여서 머랭이 잘 나오게 도와준다.
장식용으로 쓰이는 슈거파우더는 데커레이션 파우더라고도 하는데, 설탕 입자 위에 쇼트닝을 입혀서 촉촉한 케이크 위에 뿌려도 녹지 않고 본래의 모습이 오래 유지된다.

08 펙틴 펙틴은 잼용과 젤리용으로 나뉜다. 브랜드에 따라 펙틴의 특성이 천차만별이라 동량을 넣어도 식감과 모양 등 결과물이 달라지기 때문에 동일한 제품을 사용하는 것이 좋다. 다른 제품을 사용할 경우에는 펙틴의 양을 조절해야 한다. 젤리용 펙틴은 선인에서 수입하는 제품을 사용하고 있고, 잼용 펙틴은 마루비시에서 수입하는 제품을 사용하고 있다.

09 트레할로스 설탕 대체품이 많이 있긴 하지만 베이킹을 할 때 설탕의 역할을 제대로 수행하면서 당도를 조절할 수 있는 것은 트레할로스 밖에 없다. 설탕의 40% 정도까지 트레할로스로 대체해도 제품의 완성도가 떨어지지 않는다. 트레할로스란 버섯이나 해산물에 포함되어 있는 당류에서 추출한 물질로, 설탕 대신에 동량의 트레할로스를 넣으면 당도가 반 정도로 줄어든다. 또한 제품을 촉촉하게 유지하며, 푸석함을 억제하고 산화를 방지하는 효과가 있어 마르거나 변형이 되는 것을 줄여준다. 레꼴두스에서는 일본 하야시바라사(社)의 트레할로스를 사용하고 있다.

10 플뢰르 드 셀 프랑스 게랑드 일대에서 생산하는 최고급 꽃소금이다. 보통 소금은 짠맛이라고 생각하는데, 고급 소금일수록 짠맛 외에 단맛과 감칠맛 등 다양한 맛들이 조화를 이뤄서 그 자체만으로도 완성된 맛을 느낄 수 있다. 깊은 단맛과 바이올렛 꽃 향이 은은하게 풍기기 때문에 종종 디저트에 쓰이기도 한다. 디저트의 단맛에 플뢰르 드 셀의 맛이 더해지면 단맛이 더 풍부해지고 깊이가 생긴다.

11 C300 C300을 사용하면 머랭의 거품이 꺼지지 않도록 도와주어 단단하고 무너지지 않는 머랭을 만들 수 있어 편리하다. 한천, 구연산 등 천연 식품들로 구성된 제품으로, 흰자 분량 1~3% 정도의 양을 함께 첨가하면 된다. 마루비시에서 수입하고 있으며, 레꼴두스에서도 판매하고 있다.

12 그뤼에 드 카카오 엄선된 카카오 콩의 껍질을 벗긴 후 구워 잘게 부순 것이다. 추가적인 가공을 하지 않았기 때문에 초콜릿 본연의 고소한 향과 맛을 느낄 수 있다. 쿠키, 초콜릿 등에 사용하면 맛에 기품이 생긴다.

06 바닐라 빈

폴리네시아산

바닐라 슈거

마다가스카르산

07 슈거파우더

100% 분당

일반 분당

08 펙틴

10 플뢰르 드 셀

11 C300

09 트레할로스

12 그뤼에 드 카카오

13 아몬드 파우더

14 로즈시럽 & 로즈워터

15 커피 플레이버링

16 생크림

17 바닐라 플레이버

18 후추

19 퓌레

Baking Ingredients 베이킹에 필요한 기본 재료

13 아몬드 파우더 일반적으로 아몬드 파우더는 맷돌과 같은 원리로 빻아서 만든다. 빻는 과정에서 유분이 나와 산화가 쉽게 진행되는 편이라, 빛이 닿지 않는 건냉한 장소에 밀봉 보관해야 맛있는 제품을 만들 수 있다. 유분이 나오는 것을 보완하여 절삭 방식으로 만들어진 아몬드 파우더도 있는데, 유분이 나오지 않아 맛이 섬세하지만 가격이 비싼 편이다.

14 로즈시럽 & 로즈워터 손으로 수확한 6만 송이 이상의 장미꽃을 수증기 증류법으로 추출해야 30㎖ 정도의 로즈에센스와 함께 로즈워터가 만들어진다. 레꼴두스에서는 인공향 대신 꼭 천연 로즈워터를 넣어 향긋하고 고급스러운 로즈크림을 만들고 있다. 로즈워터 이외에도 다양한 종류의 플로럴워터들이 제과에 이용되고 있는데, 꼭 식용 허가 받은 제품을 사용해야 한다. 물이나 차 등에 타서 마셔도 좋다.

15 커피 플레이버링 커피의 향과 색을 내기 위한 커피엑기스로, 쿠키나 케이크에 소량만 넣어도 은은한 커피향이 살아난다. 제품 자체에 커피의 맛을 내기 위해선 에스프레소가 가장 좋지만, 그것이 힘들 경우 사용하거나 색을 낼 경우에 사용한다. 레꼴두스에서는 Puratos사(社) 제품을 사용한다.

16 생크림 레꼴두스에서는 용도에 따라 다른 생크림을 사용한다. 촘촘하고 고운 생크림 거품을 낼 때는 덴마크밀크 제품을 사용한다. 생크림 케이크나 롤케이크 등에 전반적으로 사용한다. 유지방이 풍부해 고소한 맛이 나는 매일유업의 생크림은 가열하는 제품에 많이 쓴다. 프랑스산 생크림인 엘르&비르사(社) 제품은 살균제품이고 유지방 함량이 높아 맛이 부드럽고 고소하다. 롤케이크 등 거품내는 생크림에 섞어 사용하면 진한 맛을 내기에 좋고, 가나슈 등에도 사용한다.

17 바닐라 플레이버 바닐라 향을 간편히 낼 수 있는 제품이다. 바닐라의 향과 단맛이 잘 살아 있는 제품으로, 주로 달걀이나 밀가루의 냄새를 없애기 위해 소량 넣어준다. 바닐라오일의 경우 열에 강해 오븐에 오래 넣어도 향이 남아 있지만 바닐라 플레이버는 열에 강한 편이 아니기 때문에 많이 익히지 않는 제품에 사용한다.

18 후추 수확시기와 가공 방법에 따라 그린페퍼, 핑크페퍼, 블랙페퍼, 화이트페퍼로 나뉜다. 각 후추별로 매운맛이 강하거나, 신선한 맛이 나거나, 달콤한 향이 더 나는 특징들을 가지고 있다. 또한 롱페퍼라는 종류가 있는데 우리나라에 수입이 잘 안 되는 고급 후추로 매운 맛이 더 강하다.

19 퓌레 주로 과일 등을 갈아서 체에 거른 뒤 농축시킨 것이다. 우리나라에서 쉽게 구하기 힘든 과일의 맛을 내고자 할 때 가장 손쉽게 사용할 수 있는 재료. 냉동 보관을 하기 때문에 보존 기간이 길면서 맛도 풍부하다. 사용시에는 필요한 양만큼만 칼 또는 포크로 덜어서 사용한다. 한번 해동한 퓌레는 재냉동하지 않고 냉장하여 빨리 사용한다. 퓌레는 제조사에 따라 맛과 향이 뛰어난 제품이 각각 있기 때문에 무조건 싼 것보다는 마음에 드는 브랜드의 제품을 골라서 사용하는 것이 좋다.

Baking Tools 베이킹에 필요한 기본 도구

01 오븐

제품을 고르고 안정적으로 굽기 위해선 컨벡션 오븐을 사용하는 것이 편하다. 전기 오븐이 예전에는 비싸고 업소에서 사용하는 용도로 많이 제작되었는데, 최근에는 가정용으로도 많이 나오고 있다. 가정용으로 쓰기에는 컨벡스사(社)의 오븐도 질이 좋은 편이며, 용량이 큰 걸 원하면 스메그사(社)의 오븐 또한 화력이 좋다. 오븐은 10℃ 높은 온도로 예열했다가 반죽을 넣은 후 굽는 온도로 맞춰서 사용한다. 제품을 균일하게 굽기 위해서는 제품의 색이 난 후 180° 방향으로 철판을 돌려준다.

02 스크래퍼, 볼스크래퍼

금속으로 된 제품과 플라스틱으로 된 제품이 있다. 볼스크래퍼의 경우 쿠키 반죽 등을 섞을 때 많이 사용하는데, 너무 말랑한 제품보다는 단단하고 탄력이 있는 제품을 사용해야 힘이 고루 전달된다. 또한 실리콘주걱으로 섞기에는 반죽의 양이 많은 경우에도 볼스크래퍼를 이용하면 분산되는 힘 없이 손쉽게 섞을 수 있다.

03 밀대와 광목

파이 반죽을 광목에 올려서 펴게 되면 반죽이 바닥에 달라붙는 것을 막을 수 있다. 덧가루는 박력분이 아닌 보슬보슬한 강력분을 사용해야 뭉치지 않고, 적은 양만으로도 덧가루의 역할을 하며 맛이 변질되지 않는다. 광목은 거친 붓이나 스크래퍼로 붙어 있는 버터를 털어내어 사용하고, 밀대는 물에 넣어두면 휘게 되므로 젖은 수건으로 닦아주는 것이 좋다.

04 손거품기

살이 가벼우면서 탄력이 있고 어느 정도 탄탄해야 거품을 잘 내면서도 버터와 같이 묵직한 반죽을 섞기에 좋으며 손상 없이 오래 사용할 수 있다. 사이즈에 따라 살의 굵기도 달라진다. 많은 양을 만드는 것이 아니라면 작은 사이즈를 사용해야 살이 반죽 안으로 깊이 들어가 잘 섞인다.

05 핸드믹서

브라운사(社)의 푸드프로세서로, 믹서와 거품기 등을 같이 사용할 수 있어서 편리하다. 바믹서의 경우 초콜릿을 섞는 가나슈에서 많이 사용하는데, 공기를 넣지 않고 섞는 것에 용이하다. 거품기의 경우 다른 제품보다 거품이 잘 나기 때문에 부드러운 머랭을 만들 때 좋다.
반죽이 무거울 경우에나, 머랭을 넣으면서 시럽을 부어야 하는 이탈리안 머랭의 경우는 키친에이드나 캔우드와 같은 벤치믹서를 사용하는 것이 좋다.

06 실리콘주걱

실리콘으로 된 소재가 내열성이 높고 형태의 변화 없이 오래 사용할 수 있다. 손잡이는 심이 있어 단단해야 하고, 주걱 부분은 탄력이 있어야 볼에 사용할 때 딱 맞아 좋다.
너무 부드러우면 된 반죽을 섞을 때 손목에 힘이 많이 들어가기 때문에 어느 정도 힘이 있어야 무거운 반죽도 힘 있게 섞을 수 있다.

07 나무주걱

바닥이 직각으로 된 나무주걱은 캐러멜이나 시럽을 만들 경우 냄비 구석구석 타지 않도록 저을 때 유용하게 사용할 수 있다. 손잡이가 납작하고 얇으면 오래 쥐고 있을 경우 손에 무리가 가므로 손에 쥐었을 때 편한 정도 두께의 주걱을 사용하는 것이 좋다.

08 전자저울

적은 양으로도 완성도가 달라지므로 계량 단위가 1g 이하인 것을 사용하는 것이 좋다. 저울을 고를 때에도 버튼 옆에 이물질이 끼지 않는 형태를 골라야 세척이 용이하고 잔 고장 없이 오래 사용할 수 있다.

01

02

03

04

05

06

07

08

Biscuit biologique à la vanille
& Biscuit biologique au chocolat

오가닉 바닐라 & 초콜릿 쿠키

어렸을 때 자주 먹었던 '계란과자'의 추억을 떠올리게 되는 달콤하고 부드러운 식감의 쿠키이다.

필요한 도구

거품기, 볼스크래퍼, 광목, 랩,
유산지, 도마, 칼, 철판

재료

오가닉 바닐라 쿠키

[약 60개 분량]

□ 버터	286g
□ 슈거파우더	215g
□ 바닐라 슈거	10g
□ 달걀	90g
□ 유기농 박력분	478g
□ 베이킹파우더	5g

오가닉 초콜릿 쿠키

[약 60개 분량]

□ 버터	360g
□ 슈거파우더	142g
□ 바닐라 슈거	5g
□ 달걀	48g
□ 유기농 박력분	380g
□ 코코아 파우더	43g
□ 플뢰르 드 셀	3y

보관 방법

구운 쿠키는 상온에서
2~3주간 보관

오가닉 바닐라 쿠키

01 상온에 둔 버터를 거품기로 풀고 슈거파우더, 바닐라 슈거를 2회에 나눠 넣는다.

* 공기가 들어가지 않도록 살살 섞는다.

02 풀어둔 달걀을 2~3회에 나눠 넣으며 거품기로 분리되지 않도록 섞는다.

03 체 친 박력분과 베이킹파우더를 2에 넣고 실리콘주걱으로 날가루가 보이지 않을 때까지 가볍게 섞는다.

04 볼에서 반죽을 꺼내서 작업대에 놓은 뒤 볼스크래퍼로 반죽을 펴가며 골고루 섞는다. 완전히 섞이면 랩에 싸서 냉장고에서 약 1시간 휴지시킨다.

05 휴지 후 광목을 깔고 덧
가루(분량 외)를 조금씩 뿌려가
며 300g씩 분할한 다음 반죽
을 둥글린다.

06 둥글린 반죽을 한 손으로
살짝 밀어 길게 만든다.

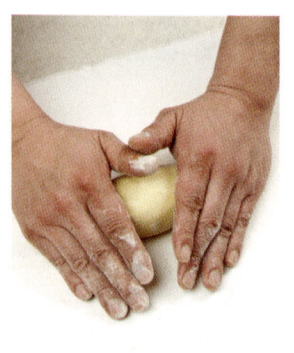

07 양손으로 양쪽 끝을 밀
어준다.

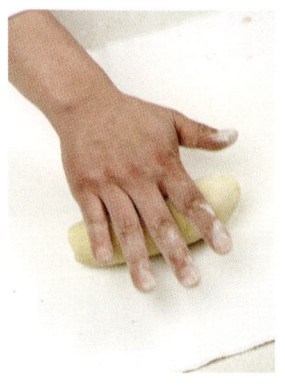

08 한 손으로 가운데를 밀
어준다.

08-1 밀고 난 상태

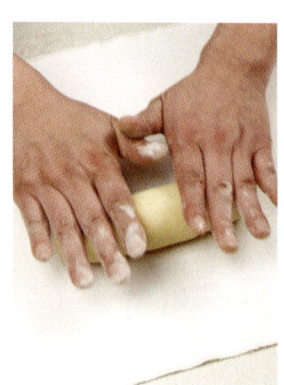

09 다시 양손으로 양쪽 끝을
밀어준다.

09-1 밀고 난 상태

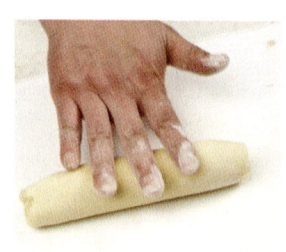

10 다시 한 손으로 가운데를
밀어준다.

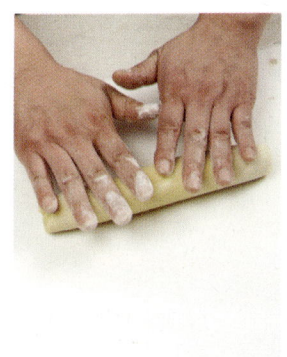

11 전체적으로 밀면서 길이 30㎝가 되도록 밀어준다.

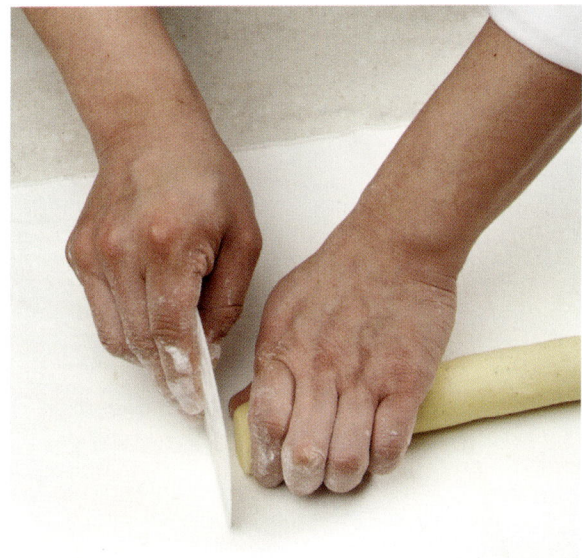

13 20×30㎝로 자른 유산지로 밀어놓은 반죽을 말아서 냉장고에서 하룻밤 보관한다.

12 완성된 반죽의 맨 끝은 볼스크래퍼로 살짝 눌러 평평하게 다듬어준다.
* 이런 방법으로 성형을 하게 되면 반죽 속 공간이 적게 생긴다.

14 1.5㎝ 두께로 자른 뒤 팬닝하고 150℃ 오븐에서 20~25분 정도 굽는다.

오가닉 초콜릿 쿠키

01 상온에 둔 버터를 거품기로 푼다.

25

02 체 친 박력분과 코코아 파우더, 플뢰르 드 셀을 넣는다.

03 실리콘주걱으로 바닐라 쿠키와 같은 방법으로 섞는다.

Tip 거품기에 붙은 버터는 가루에 살짝 굴려 손가락으로 떼어내면 더욱 깨끗이 제거된다.

04 볼에서 작업대로 반죽을 옮겨 볼스크래퍼로 반죽을 펴가며 골고루 섞는다.

05 랩에 싸서 냉장고에서 약 1시간 휴지시킨다.

06 바닐라 쿠키와 같은 방법으로 성형을 한 다음, 20×30㎝로 자른 유산지로 말아서 냉장고에서 하룻밤 보관한다.

07 1.5㎝ 두께로 자른 다음 팬닝하고, 150℃ 오븐에서 20~25분 정도 굽는다.

페브 드 카카오 Fèves de cacao

'카카오 빈'이라는 뜻을 가진 과자의 이름 그대로 카카오 빈을 넣어
원시적인 초콜릿 향기를 그대로 담아낸 쿠키이다.

필요한 도구

실리콘주걱, 볼스크래퍼, 밀대,
일회용 비닐봉투, 자, 도마, 칼, 철판

재료

[약 50개 분량]

▫ 버터	125g
▫ 설탕	115g
▫ 바닐라 슈거	10g
▫ 생크림	25g
▫ 박력분	125g
▫ 아몬드 파우더	125g
▫ 베이킹파우더	5g
▫ 그뤼에 드 카카오	50g
▫ 입자가 굵은 유기농 황설탕	
(장식용)	적당량

보관 방법

구운 쿠키는 상온에서
2~3주간 보관

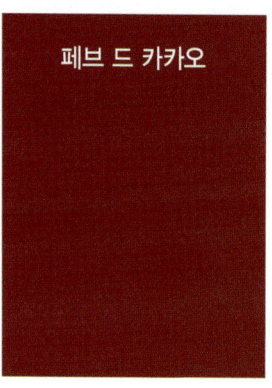

페브 드 카카오

01 상온에 둔 버터를 실리
콘주걱으로 풀고 설탕을 넣
고 섞는다.

* 거품기보다 실리콘주걱을 사
용하면 지나치게 섞이지 않아
더 좋다.

02 1에 바닐라 슈거를 넣고
섞은 다음 생크림을 2회에 나
눠 넣는다.

03 체 친 박력분과 아몬드 파
우더, 베이킹파우더를 2에 넣고
실리콘주걱으로 섞은 후, 작업대
에서 볼스크래퍼로 펴듯이 골고
루 섞는다.

04 반죽에 그뤼에 드 카카
오를 넣고 섞는다.

05 비닐에 넣어 밀대로 5mm
두께로 편 다음 냉장고에서 하
룻밤 휴지시킨다.

* 5mm 두께로 폈을 때 반죽의 크
기는 약 24×38cm이다.

06 4×4㎝ 크기로 반죽을 자른다.

Tip 비닐을 사용하면 불필요한 덧가루의 사용 없이 얇게 밀 수 있어 편리하다.

07 각 4면에 황설탕을 골고루 입힌다.

08 철판에 팬닝하고 170℃로 예열한 오븐에서 20분간 굽는다.

29

Sablé au chocolat salé

플뢰르 드 셀 초콜릿 쿠키

쪼개진 주름 사이로 촉촉한 초콜릿이 비치는 아주 먹음직스러운 쿠키이다.
플뢰르 드 셀을 달콤한 제품에 넣으면, 단맛과 짠맛이 서로 상승효과를 가져와 더욱 깊은 맛을 연출한다.

필요한 도구
실리콘주걱, 볼스크래퍼, 광목,
유산지, 도마, 칼, 철판

재료
[약 40개 분량]

ㅁ 버터	95g
ㅁ 플뢰르 드 셀	3.5g
ㅁ 설탕	35g
ㅁ 마스코바도 설탕	78g
ㅁ 바닐라 플레이버	2g
ㅁ 생크림	9g
ㅁ 박력분	86g
ㅁ 강력분	26g
ㅁ 베이킹파우더	2g
ㅁ 베이킹 소다	2g
ㅁ 코코아 파우더	17g
ㅁ 곱게 다진 70% 초콜릿	95g

보관 방법
구운 쿠키는 상온에서
2~3주간 보관

플뢰르 드 셀
초콜릿 쿠키

01 상온에 둔 버터를 실리콘주걱으로 풀고 플뢰르 드 셀, 설탕, 마스코바도 설탕을 넣고 실리콘주걱으로 섞는다.

02 바닐라 플레이버를 넣고 섞은 뒤 생크림을 넣고 한 번 더 섞는다.

03 체 친 박력분과 강력분, 베이킹파우더, 베이킹 소다, 코코아 파우더를 넣고 실리콘주걱으로 가볍게 섞는다.

04 볼에서 반죽을 꺼내 볼스크래퍼로 바닥에 펴듯이 잘 섞는다.

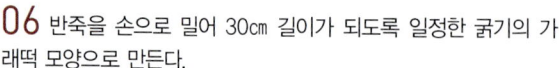

05 다시 볼에 반죽을 담고 곱게 다진 초콜릿을 넣고 가볍게 섞은 후 220g씩 분할한다.

06 반죽을 손으로 밀어 30㎝ 길이가 되도록 일정한 굵기의 가래떡 모양으로 만든다.
＊ 성형 방법은 오가닉 바닐라 쿠키와 같다.

07 20×30㎝로 자른 유산지로 감싼 뒤 하룻밤 냉장고에서 휴지시킨다.

08 1.5㎝ 두께로 잘라 철판에 팬닝하고 150℃로 예열한 오븐에서 15분간 굽는다.

Sablé au chocolat salé

히말라야페퍼 사블레 Sablé au poivre

5가지 종류의 후추를 넣어 풍부한 향을 살렸다. 와인뿐만 아니라 맥주와도 잘 어울린다.

필요한 도구

거품기, 실리콘주걱, 볼스크래퍼,
광목, 유산지, 도마, 칼, 철판

재료

[약 50개 분량]

- □ 버터　　　　　　　　211g
- □ 설탕　　　　　　　　 35g
- □ 마스코바도 설탕　　 35g
- □ 소금　　　　　　　　 12g
- □ 박력분　　　　　　　234g
- □ 강력분　　　　　　　 70g
- □ 굵게 간 히말라야페퍼　6g

보관 방법

구운 쿠키는 상온에서
2~3주간 보관

히말라야페퍼
사블레

01 상온에 둔 버터를 거품기
로 풀어준 뒤 설탕, 마스코바도
설탕, 소금을 넣고 섞는다.

02 체 친 박력분과 강력분을
넣고 실리콘주걱으로 섞는다.

03 볼에서 작업대로 꺼내어
바닥에서 볼스크래퍼로 펴듯
이 섞는다.

04 다시 볼에 담고 굵게 간 히말라야페퍼를 넣고 한 번 더 섞는다.

Tip 미리 갈아두면 향이 날아가므로 만들기 직전에 준비한다.

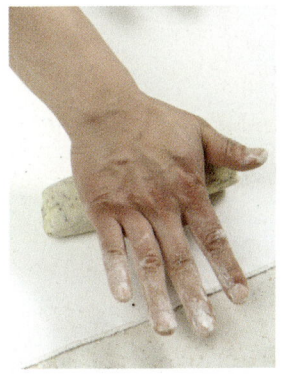 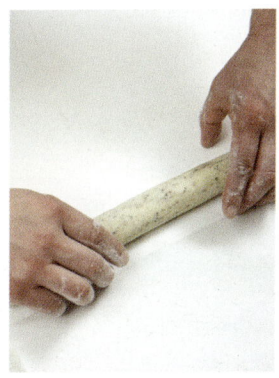

05 한 덩어리가 된 반죽을 300g씩 분할하여 30cm 길이의 가래떡 모양으로 만든다.
＊ 성형 방법은 오가닉 바닐라 쿠키와 같다.

06 20×30cm로 자른 유산지로 감싼 뒤 냉장고에서 하룻밤 휴지시킨다.

07 단단해진 반죽을 1.2cm 두께로 잘라 철판에 팬닝하고, 150℃ 오븐에서 20분간 굽는다.

Sablé Linzer

린저 사블레

오스트리아의 유명한 린저 토르테에서 유래한 린츠 지방의 쿠키이다. 쿠키 반죽에 향신료가
듬뿍 들어가 씹을수록 따뜻한 향이 배어져 나오며, 특히 홍차와 잘 어울리는 쿠키이다.

필요한 도구

거품기, 냄비, 실리콘주걱, 랩,
밀대, 광목, 6.5 쿠키 틀,
2.5 쿠키 틀, 철판

재료

[약 30개 분량]

콩피튀르 프랑부아즈 페팡

□ 냉동 라즈베리	200g
□ 설탕A	100g
□ 설탕B	50g
□ 펙틴	8g

에피스 사블레

□ 버터	150g
□ 슈거파우더	100g
□ 바닐라 슈거	3g
□ 소금	0.3g
□ 4에피스 *	4g
□ 노른자	40g
□ 더블크림 *	63g
□ 헤이즐넛 파우더	50g
□ 박력분	250g

보관 방법

구운 쿠키는 상온에서
3일 정도 보관

* **4에피스** Quatre épices
프랑스에서 주로 쓰이는 향신료
로 후추, 클로브, 넛메그, 생강이
섞여 있다.

* **더블크림**
유지방 함량이 45% 이상인 크림
을 말하는데, 일반적으로 구하기
힘들기 때문에 생크림을 졸여서
만들어 사용한다.

**콩피튀르
프랑부아즈 페팡**

01 냉동 라즈베리와 설탕A
를 냄비에 넣고 끓인다. 거품기
로 살짝 부서뜨린다.

02 끓기 직전에 불에서 내려
설탕B와 펙틴 골고루 섞은 것
을 넣고 섞은 다음 3분간 더 끓
인 후 식힌다.

더블크림

01 100g의 생크림을 준비해 70g 정도가 될 때까지 졸인 다음
식혀서 사용한다.

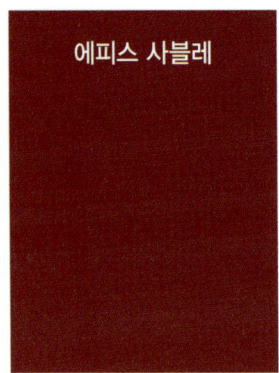

에피스 사블레

01 상온에 둔 버터를 실리콘 주걱으로 풀어준 다음 슈거파 우더와 바닐라 슈거, 소금, 4에 피스를 넣고 섞는다.

02 노른자를 2회에 나눠 넣고 섞은 후 더블크림을 3회에 나눠 넣고 실리콘주걱으로 섞는다.

03 체 친 헤이즐넛 파우더와 박력분을 넣고 날가루가 보이지 않도록 섞는다.

04 랩에 싸서 냉장고에서 약 1시간 휴지시킨다.

05 냉장고에서 꺼내 다시 가볍게 반죽한 다음, 3mm 두께가 되도록 밀대로 밀어 편 후 다시 냉장고에서 반죽이 단단해질 정도로만 휴지시킨다.

06 단단해진 반죽을 쿠키 틀로 찍어낸다.

07 찍어낸 반죽의 1/2은 반죽 가운데 작은 쿠키 틀로 구멍을 내고 전량 150℃ 오븐에서 15분간 굽는다.

몽타주

01 구멍이 없는 쿠키 뒷면에 콩피튀르 프랑부아즈 페팡을 바른 후 구멍이 있는 쿠키로 덮어 샌드한다.

Carré

까레

'사각형'이란 뜻의 까레는 이름처럼 네모난 모양의 쿠키이다. 크랜베리의 새콤함과 헤이즐넛,
피스타치오의 고소함이 더이상 나무랄 데 없는 조합을 이루어 항상 인기가 좋은 쿠키이다.

필요한 도구

거품기, 실리콘주걱, 볼스크래퍼,
1.5cm 메탈바 4개, 도마, 칼,
붓, 철판

재료

[약 30개 분량]

□ 버터	140g
□ 설탕	90g
□ 바닐라 슈거	2g
□ 소금	2g
□ 달걀	30g
□ 박력분	250g
□ 베이킹파우더	2g
□ 크랜베리	60g
□ 피스타치오	30g
□ 헤이즐넛	40g
□ 흰자(분량 외)	적당량
□ 황설탕	적당량

보관 방법

구운 쿠키는 상온에서
2~3수간 보관

헤이즐넛 로스트

01 헤이즐넛은 170℃ 오븐에서 3~4분 구운 다음 반으로 잘라
사용한다. 밀대 또는 칼 옆면으로 가볍게 눌러주면 간편하게 반으
로 자를 수 있다.

까레

01 상온에 둔 버터를 거품기
로 풀어준 뒤 설탕, 바닐라 슈
거, 소금을 넣고 섞는다.

02 달걀은 3회에 나눠 넣으
며 섞는다.

03 체 친 박력분과 베이킹 파우더를 넣고 실리콘주걱으로 날가루가 보이지 않도록 섞는다.

04 바닥으로 옮겨 볼스크래퍼로 펴듯이 섞는다.

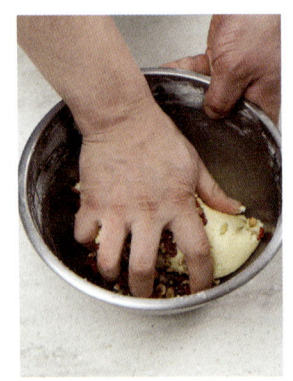

05 다시 볼에 옮겨 담고 크랜베리, 피스타치오, 로스트한 헤이즐넛을 넣고 가볍게 섞는다.

* 크랜베리가 말라있는 경우, 뜨거운 물에 살짝 불려 물기를 닦아 사용한다.

06 1.5㎝ 메탈바(높이자) 두 개를 붙여 3㎝ 높이로 틀을 만든 다음, 사이에 반죽을 넣고 비닐을 덮어 밀대로 밀어 편다.

* 길이 3㎝가 되는 쿠키로 자를 것이므로, 여분없이 자르려면 메탈바 사이의 폭이 3㎝의 배수가 되는 것이 좋다.

07 냉장고에서 단단해질 때까지 휴지한 후 꺼내 사진과 같이 칼을 양쪽에 집어넣어 메탈바에서 분리시킨다.

09 막대 모양 반죽 4면에 붓으로 흰자를 바른 다음 황설탕을 골고루 묻힌다.

08 단단해진 반죽을 폭 3㎝인 막대 모양으로 자른다

10 2㎝ 크기로 잘라 팬닝한 다음 150℃ 오븐에서 20~25분간 굽는다.

Carré

Tarte aux noisettes

헤이즐넛 파이

달지 않고 담백하게 구운 파트 브리제에 고소한 헤이즐넛을 가득 넣었다.
쿠키처럼 크기도 적당해 먹기도 편하며, 바삭하게 씹히는 맛도 좋다.

필요한 도구
메탈스크래퍼, 푸드프로세서,
광목, 밀대, 유산지, 붓, 도마,
칼, 철판

재료
파트 브리제
[약 30개 분량]

□ 박력분	100g
□ 강력분	70g
□ 차가운 버터	150g
□ 차가운 물	15g
□ 소금	3g
□ 식초	2g
□ 마스코바도 설탕	50g
□ 설탕	50g
□ 시너먼 파우더	1g
□ 헤이즐넛	85g
□ 설탕	적당량

보관 방법
구운 쿠키는 상온에서
2~3주간 보관

01 체 친 박력분과 강력분에 차가운 버터를 올리고 1㎝ 크기로 깍뚝썰기한다.

* 가루류도 냉장고에 넣었다 사용하도록 한다.

02 푸드프로세서에 넣고 1초 단위로 짧게 끊어가며 10회 정도 돌려준다.

* 한번에 오래 돌리면 열기에 버터가 녹는데 그것을 방지하기 위해 짧게 돌려준다.

03 볼에 옮겨 손가락으로 버터알갱이를 버무리듯이 펴가며 녹지 않도록 주의하여 뒤섞는다.

04 차가운 물, 소금, 식초를 조금씩 넣어가며 질기를 조절해 섞는다.

05 볼스크래퍼로 반죽의 반을 잘라 다른 반 위에 쌓아 올리듯이 눌러가며 반죽한다.

06 랩에 싼 뒤 네모난 모양으로 넓게 펴서 냉장고에서 휴지시킨다.

07 직사각형 모양으로 밀어준다. (약 48×36㎝ 크기)

08 물(분량 외)을 긴 모서리에 바른다.

09 섞어둔 마스코바도 설탕과 설탕, 시너먼 파우더를 넓게 골고루 뿌린다.

10 로스팅한 헤이즐넛은 칼로 대충 다져서 부서뜨린 다음 9위에 뿌린다.

11 반대쪽을 조금씩 안쪽으로 말면서 동그랗게 말아준다.

12 조금씩 굴리면서 말아준 다음 풀리지 않도록 이음새를 단단히 한다.

13 반으로 잘라 랩이나 유산지로 말아 냉장고에서 단단해질 때까지 휴지한다.

14 휴지시킨 반죽에 가볍게 흰자(분량 외)를 바르고 흰설탕을 입힌다.

15 1.2㎝ 두께로 커팅 후 팬닝하고 160℃ 오븐에서 20분간 굽는다.

Meringue aux noisettes

헤이즐넛 머랭 쿠키

바삭하게 씹히면서 입안에서 헤이즐넛 풍미를 남기며 흔적도 없이 사라져버리는 고소한 머랭이다.

필요한 도구
냄비, 온도계, 벤치믹서,
실리콘주걱, 짤주머니,
1.5㎝ 원형깍지, 데프론시트, 철판

재료
[약 50개 분량]

□ 물	80g
□ 설탕	240g
□ 흰자	166g
□ 헤이즐넛 파우더	135g
□ 슈거파우더	106g

보관 방법
구운 쿠키는 상온에서
2~3주간 보관

헤이즐넛 머랭 쿠키

01 물과 설탕을 냄비에 넣고
118℃까지 끓인다.

＊온도가 서서히 오르다 118℃에
가까워지면 급격히 오르니 주
의한다.

02 시럽이 끓기 시작하면 흰
자를 거품내기 시작한다.

03 118℃가 된 시럽을 2의 볼
벽면을 따라 천천히 넣으면서
돌린다. 저속에서 시작하여 고
속으로 돌려 거품을 내다 저속
으로 내려 머랭을 만든다.

04 완성된 머랭을 볼로 옮
긴다.

05 체 친 헤이즐넛 파우더와
슈거파우더를 한번에 넣고 실
리콘주걱으로 섞는다.

＊사진과 같이 볼을 비스듬하게
들어 섞으면 더 잘 섞인다.

06 1.5㎝ 원형깍지를 낀 짤주
머니에 반죽을 넣고 데프론시트
를 깐 철판 위에 지름 3~4㎝
크기의 돔 모양으로 짜서 140℃
에서 30분, 120℃에서 20분 이
상 굽는다.

＊안까지 색이 고루 나도록 확인
하며 굽는다.

Financier au sirop d'érable

메이플 피낭시에

강한 달콤함과 함께 오래도록 입 안에 남는 스모키한 메이플 향미를 그대로 담은 구움과자이다.
새콤한 크랜베리가 메이플의 달콤함이 주는 무게를 잘 잡아준다.

필요한 도구
냄비, 거품기, 체, 실리콘주걱,
짤주머니, 피낭시에 틀, 철판

재료
[약 17개 분량]

- 헤이즐넛 버터   65g
  (버터 82g)
- 흰자   100g
- 슈거파우더   40g
- 트레몰린 *   10g
- 메이플 시럽   76g
- 아몬드 파우더   30g
- 헤이즐넛 파우더   5g
- 박력분   40g
- 베이킹파우더   1g
- 건조 크랜베리   50g
- 헤이즐넛(장식용)   적당량

보관 방법
상온에서 약 5일 정도 보관

* 트레몰린
전화당이라고 불리는 포도당과
과당이 동량인 혼합물로 꿀, 물엿
과 같은 점성이 있는 액체. 구하
기 어렵다면 물엿으로 대신한다.

헤이즐넛 버터
&
메이플 시럽

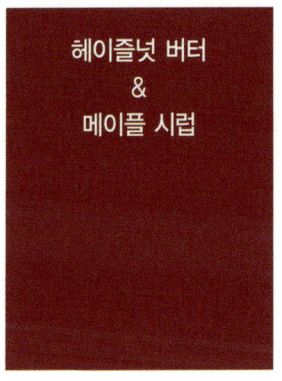

01 필요한 헤이즐넛 버터보다 25% 많은 양을 계량한 다음. 동냄
비에 버터를 넣고 갈색 빛이 날 때까지 거품기로 저어가며 태운다.

02 냄비째로 얼음물에 담궈
버터가 더 이상 타지 않도록 빠
르게 식힌다.

03 체에 거른다.

04 76g의 메이플 시럽을 55g
이 될 때까지 졸여서 사용한다.

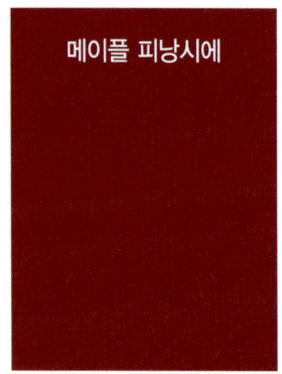

메이플 피낭시에

01 살짝 푼 흰자에 슈거파우더를 넣고 거품기로 섞어준다.

02 트레몰린과 졸인 메이플 시럽을 1에 넣고 다시 한번 섞는다.

03 아몬드 파우더와 헤이즐넛 파우더를 넣고 섞는다.

04 함께 체 친 박력분과 베이킹파우더를 넣고 덩어리가 생기지 않게끔 섞는다.

05 앞에서 준비한 따뜻한 헤이즐넛 버터를 조금씩 넣으며 거품기로 섞는다.

05-1 완성된 반죽의 상태

06 다져놓은 크랜베리를 넣고 섞은 다음 상온에서 1∼2시간 휴지시킨다.

07 피낭시에 틀에 손가락으로 가볍게 버터(분량 외)를 발라둔다.

08 휴지시킨 반죽을 짤주머니에 넣고 준비해둔 팬에 90% 정도 팬닝한 후 다진 헤이즐넛을 뿌린다.

09 190℃ 오븐에서 12분간 굽는다.

Financier au sirop d'érable

55

Financier aux pistaches

피스타치오 피낭시에

곱게 간 피스타치오 페이스트를 넣어 독특한 향과 풍미를 더욱 잘 느낄 수 있다.
촉촉하면서도 깊은 맛이 있어 충분한 만족감을 주는 피낭시에이다.

필요한 도구
거품기, 짤주머니, 피낭시에 틀,
철판

재료
[약 30개 분량]

- □ 흰자   220g
- □ 설탕   226g
- □ 피스타치오 페이스트   104g
- □ 피스타치오 파우더   46g
- □ 아몬드 파우더   46g
- □ 박력분   66g
- □ 녹인 버터   280g
- □ 헤이즐넛(장식용)   적당량

보관 방법
상온에서 약 5일 정도 보관

피스타치오 피낭시에

01 볼에 흰자와 설탕을 넣고 거품이 생기지 않도록 거품기로 저어주며 설탕을 녹인다.

02 피스타치오 페이스트를 넣고 섞는다.

03 피스타치오 파우더를 넣은 다음 함께 체 친 아몬드 파우더와 박력분을 넣고 섞는다.

04 녹인 버터를 3회에 나눠 넣으며 거품기로 잘 섞는다.

06 피낭시에 틀에 손가락으로 가볍게 버터(분량 외)를 발라둔다.

07 휴지시킨 반죽을 짤주머니에 넣는다.

05 상온에서 1~2시간 휴지시킨다.

08 준비해 둔 틀에 90% 정도 팬닝한다.

09 다진 헤이즐넛을 뿌린 다음 190℃ 오븐에서 12분간 굽는다.

Financier aux pistaches

프랄리네 다쿠아즈
Dacquoise à la crème de noisette

버터크림을 이용한 클래식한 다쿠아즈로 레꼴두스가 감히 최고라고 자부하는 과자이다.

필요한 도구

동냄비, 실리콘매트, 믹서,
벤치믹서, 실리콘주걱,
다쿠아즈 틀, 스프레이,
1.2cm 원형깍지, 짤주머니, 철판,
데프론시트, 체, 빗살깍지

재료

[약 28개 분량]

헤이즐넛 프랄린

□ 설탕	100g
□ 아몬드	50g
□ 헤이즐넛	50g

다쿠아즈

□ 흰자	400g
□ C300	5g
□ 설탕	120g
□ 건조흰자	8g
□ 박력분	40g
□ 아몬드 파우더	240g
□ 슈거파우더	240g
□ 데커레이션 슈거파우더 적당량	

프랄리네 크림

□ 버터	120g
□ 슈거파우더	9g
□ 헤이즐넛 프랄린	67g

보관 방법

상온에서 5일 정도 보관

헤이즐넛
프랄린

01 설탕을 동냄비에 넣고 캐러멜화시킨다.

02 구운 아몬드와 헤이즐넛을 1에 넣고 캐러멜을 입힌다.

03 실리콘매트 위에 넓게 펴서 식힌다.

04 적당한 크기로 부숴 믹서에 넣고 간다. 너무 적게 갈
면 입자가 크고, 너무 갈면 분리가 되므로 조금씩 확인하
면서 돌린다.

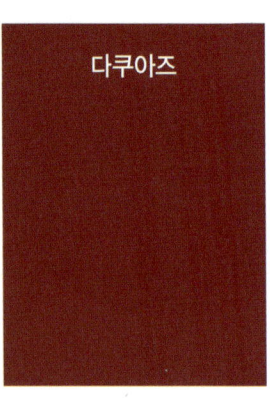

다쿠아즈

01 볼에 흰자를 넣고 C300, 설탕, 건조흰자를 섞어 1/3을 넣은
후 저속으로 섞다가 중고속으로 거품을 낸다.

* 머랭의 완성도를 높이기 위해서는 완성된 머랭의 양이 볼의 2/3 높이
까지 찰 만큼의 흰자를 준비하는 것이 좋다. 필요한 머랭의 양이 적
어 남은 머랭을 버리게 되더라도 흰자의 양을 너무 적게 계량하지 않
는다.

02 남은 C300, 설탕, 건조흰자 섞어둔 것의 1/3을 넣고 한 번 더 섞는다.

03 나머지 1/3을 넣고 약 1분 간 고속으로 돌려 머랭을 완성한다.

Tip 완성된 머랭의 상태

04 볼에 완성된 머랭을 옮긴 뒤, 함께 체 친 박력분, 아몬드 파우더, 슈거파우더를 3회에 나눠 넣으며 섞는다.
*볼을 비스듬하게 살짝 들고 실리콘주걱으로 살살 섞을 것.

04-1 완성된 다쿠아즈 반죽의 상태

05 틀에 스프레이로 물을 뿌린 뒤 데프론시트를 올린 철판 위에 틀을 올린다.
*물을 뿌려주면 반죽이 틀에서 더 깔끔하게 떨어진다.

06 1.2㎝ 원형깍지를 끼운 짤주머니에 반죽을 넣은 후 다쿠아즈 틀에 채운다.

Tip 다쿠아즈는 위쪽에서 아래로 움직이며 한번에 짠다.

07 데커레이션 슈거파우더를 뿌린다. 뿌린 슈거파우더가 어느 정도 녹은 뒤 한 번 더 뿌려준다.

* 슈거파우더를 뿌리면 막이 생겨 다쿠아즈의 속이 부드럽게 완성된다.

08 뽀족한 꼭지는 손가락으로 살짝 눌러 없애준다.

09 틀을 조심스럽게 들어낸 후 180℃ 오븐에서 15~18분간 굽는다. 어느 정도 식으면 데프론시트에서 조심스럽게 떼어낸 다음 데커레이션 슈거파우더를 다시 한 번 뿌린다.

프랄리네 크림
&
몽타주

01 상온에 둔 버터를 부드럽 게 풀어준 후 슈거파우더를 넣 고 실리콘주걱으로 섞는다.

02 헤이즐넛 프랄린을 넣고 실리콘주걱으로 섞는다.

03 빗살깍지를 끼운 짤주머니 에 프랄리네 크림을 넣는다.

04 다쿠아즈 안쪽 면에 얇게 짠다.

05 마주보게 샌드한다.

Tip 다쿠아즈 윗면에 보이는 울퉁불퉁한 것을 Pérle라 고 부른다. (Pérle : 불어로 진주라는 의미)

63

Dacquoise à la crème de pistache

피스타치오 다쿠아즈

마카롱과 함께 프로방스 지방의 대표적인 머랭 과자 중 하나로
촉촉하고 부드러우며 고소한 맛이 일품이다.

필요한 도구

벤치믹서, 실리콘주걱,
다쿠아즈 틀, 스프레이,
1.2㎝ 원형깍지, 짤주머니, 철판,
데프론시트, 체, 빗살깍지

재료

[약 28개 분량]

헤이즐넛 프랄린

□ 설탕	100g
□ 아몬드	50g
□ 헤이즐넛	50g

피스타치오 다쿠아즈

□ 흰자	400g
□ C300	5g
□ 설탕	120g
□ 건조흰자	8g
□ 박력분	40g
□ 아몬드 파우더	134g
□ 피스타치오 파우더	107g
□ 슈거파우더	240g
□ 데커레이션 슈거파우더 적당량	

피스타치오 크림

□ 버터	120g
□ 슈거파우더	9g
□ 헤이즐넛 프랄린	50g
□ 피스타치오 페이스트	10g

보관 방법

상온에서 5일 정도 보관

다쿠아즈
&
피스타치오 크림

01 프랄리네 다쿠아즈와 같은 공정으로 머랭을 만든 후 볼에 머랭을 옮기고 함께 체 친 박력분, 아몬드 파우더, 피스타치오 파우더, 슈거파우더를 3회에 나눠 넣으며 실리콘주걱으로 살살 섞는다.

02 나머지는 프랄리네 다쿠아즈와 동일한 방법으로 작업한다.

03 볼에 상온에 둔 버터를 넣고 부드럽게 한 후 슈거파우더와 섞는다.

04 헤이즐넛 프랄린을 넣고 실리콘주걱으로 섞은 다음 피스타치오 페이스트를 넣고 섞어 피스타치오 크림을 만든다.

05 빗살깍지를 끼운 짤주머니에 피스타치오 크림을 넣고 다쿠아즈 안쪽 면에 크림을 얇게 짠 후 마주보게 샌드한다.

Brownie

리얼 브라우니

브라우니 위에 호두를 가득 얹고 구웠기 때문에 수분이 날아가지 않아 훨씬 부드럽고 촉촉하다.

리얼 브라우니

필요한 도구

냄비, 거품기, 실리콘주걱,
15×15×5㎝ 무스 틀,
종이포일, 철판

재료

[15㎝ 정사각 틀 2개분]

□ 달걀	124g
□ 설탕	202g
□ 녹인 70% 다크초콜릿	102g
□ 녹인 버터	156g
□ 박력분	78g
□ 장식용 호두	적당량

보관 방법

상온에서 5일 보관

01 풀어둔 달걀에 설탕을 넣고 중탕에서 설탕이 녹을 때까지 거품이 나지 않도록 저어준다.

* 손으로 만져봤을 때 설탕이 만져지지 않아야 한다.

02 초콜릿과 버터는 전자레인지에 함께 녹여 1에 섞는다. 체 친 박력분을 넣고 날가루가 보이지 않도록 실리콘주걱으로 섞은 다음 상온에서 1시간 휴지시킨다.

03 틀 밑에 종이포일을 깔고, 틀 옆면을 접어 바닥을 만든 뒤 철판에 올리고 반죽을 틀에 붓는다.

04 호두를 빽빽하게 올려 장식하고 180℃ 오븐에서 25~30분간 구운 후 냉장고에 넣는다.

05 냉장고에서 완전히 식으면 바닥에 붙어 있는 종이포일을 벗겨내고, 틀을 옆으로 세워 4면에 칼을 집어넣어 빠지기 쉽게끔 한다.

06 틀에서 빼내고 적당한 사이즈로 자른다.

Croquant de Méditerrané

크로캉 메디테리안

견과류가 듬뿍 들어가 씹는 느낌이 좋은 과자이다. 거칠고 투박한 모습이 오히려 먹음직스럽다.

크로캉 메디테리안

01 흰자에 설탕을 넣고 녹을 때까지 거품기로 저은 다음, 녹인 버터를 넣고 섞는다.

02 반으로 자른 견과류를 넣고 실리콘주걱으로 섞는다.

03 시너먼 파우더와 박력분을 넣고 섞은 뒤 랩을 씌워 상온에서 1시간 정도 휴지시킨다.
* 설탕이 녹을 수 있는 시간을 준다.

필요한 도구

거품기, 실리콘주걱, 랩,
포크, 철판, 데프론시트,
지름 6㎝로 자른 틀

재료

[6㎝ 크기 틀 약 30개 분량]

□ 흰자	60g
□ 설탕	90g
□ 녹인 버터	30g
□ 견과류	420g
(아몬드, 호두, 헤이즐넛, 피스타치오, 피칸 등 있는 재료를 활용)	
□ 시너먼 파우더	적당량
□ 박력분	30g

보관 방법

상온에서 5일 보관

04 데프론시트를 깐 철판에 지름 6㎝의 틀을 깔고 반죽을 올린 다음 포크 뒷면으로 잘 펴 준다.
* 틀이 있으면 크기가 더 균일하지만, 없어도 무관하다.

05 틀을 걷어내고 155℃ 오븐에서 15분간 굽는다.

타르트의 기본반죽

- 파트 수크레
- 파트 사브레
- 파트 브리제

파트 수크레
Pâte sucrée

필요한 도구
실리콘주걱, 볼스크래퍼, 랩

재료
[150g 2개 분량]

- 버터 85g
- 설탕 46g
- 소금 1g
- 달걀 28g
- 박력분 96g
- 강력분 25g
- 아몬드 파우더 19g

01 상온에 둔 버터에 설탕과 소금을 넣고 실리콘주걱으로 섞는다.

02 미리 풀어둔 달걀은 분리되지 않도록 주의하면서 1에 조금씩 부어가며 섞는다.

03 체 친 박력분과 강력분, 아몬드 파우더를 넣고 실리콘주걱으로 섞다 어느 정도 뭉쳐지면 볼에서 꺼낸다.

04 작업대에 반죽을 옮긴 후 볼스크래퍼로 넓게 펴가면서 섞는다. 남은 자투리 반죽이 있다면 이때 넣으면 다시 쓸 수 있다.

05 완성된 반죽을 랩에 싸서 평평하게 만들어 냉장고에서 하룻밤 휴지시킨다.

* 한 번에 사용할 양만큼 분할해서 랩핑하면 편리하다.

파트 사브레
Pâte sablé

필요한 도구
실리콘주걱, 볼스크래퍼, 랩

재료
[150g 바닥 2개, 120g 뚜껑 2개 분량]

☐ 버터	174g
☐ 설탕	88g
☐ 달걀	26g
☐ 노른자	9g
☐ 박력분	260g
☐ 베이킹파우더	3g

01 상온에 둔 버터에 설탕을 넣은 후 실리콘주걱으로 섞는다.

02 달걀과 노른자를 섞어 1에 3회 정도로 나누어 넣고 실리콘주걱으로 섞는다.

03 체 친 박력분, 베이킹파우더를 넣고 실리콘주걱으로 섞는다.

04 어느 정도 뭉쳐지면 볼에서 꺼내 작업대에 옮긴 후 볼스크래퍼로 펴가면서 잘 섞어준다.

05 완성된 반죽을 랩에 싸서 평평하게 만들어 냉장고에서 하룻밤 휴지시킨다.

파트 브리제
Pâte brisé

필요한 도구

메탈 스크래퍼, 푸드프로세서,
볼스크래퍼, 랩

재료

[150g 2개 분량]

□ 박력분	89g
□ 강력분	89g
□ 차가운 버터	84g
□ 아몬드 파우더	22g
□ 파마산 치즈가루	15g
□ 설탕	7g
□ 소금	3.5g
□ 차가운 물	45g

01 냉장고에 넣어두었던 박
력분과 강력분을 작업대에 놓
고 차가운 버터는 밀가루를 묻
혀가며 1×1㎝ 크기로 썬다.

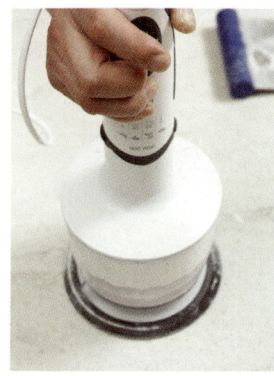

02 푸드프로세서에 1의 박력
분, 강력분, 버터를 넣고 1초 단
위로 10회 갈아준다.

＊ 한번에 길게 갈면 버터가 녹으
면서 반죽이 뭉치게 되므로 주
의한다.

03 2를 볼에 넣고 덜 갈아
진 덩어리를 손으로 펴가면서
쌀알 크기의 보슬보슬한 상태
로 만든다.

＊ 버터가 녹는 것 같으면 냉장고
에 넣어 차갑게 한 뒤 다시 시
작하는 것이 좋다.

04 아몬드 파우더와 파마산
치즈가루를 넣고 손으로 섞는
다. 설탕과 소금을 녹인 얼음
물을 여러 번 나눠 골고루 넣
고 가볍게 섞는다. 이때 수분
이 적으면 차가운 물을 더 넣
어도 된다.

05 뭉쳐진 반죽을 볼스크
래퍼로 반 잘라 나머지 반죽
에 겹친다. 이것을 3~4회 반
복한다.

06 반죽을 150g씩 분할한
후 랩으로 싸서 냉장고에서
하룻밤 휴지시킨다.

Tarte aux pistaches et aux pamplemousses

피스타치오 자몽 타르트

피스타치오 페이스트 크림을 채워 녹색 빛이 감도는 타르트 위에 붉은 빛의 자몽을 올렸다.
고소하면서도 산뜻한 맛이 조화를 이룬 타르트이다.

필요한 도구
밀대, 광목, 기름종이, 누름돌,
15cm 타르트 틀 2개, 실리콘주걱,
볼스크래퍼, 과도, 키친타월,
짤주머니, 1.2cm 원형깍지, 붓

재료
[15cm 타르트 틀 2개 분량]

- 파트 수크레　　　　2개
  (150g으로 분할한 것)

피스타치오 크림(2개 분량)

- 버터　　　　　　　67g
- 설탕　　　　　　　67g
- 피스타치오 페이스트　27g
- 박력분　　　　　　10g
- 아몬드 파우더　　　49g
- 피스타치오 파우더　22g
- 달걀　　　　　　　62g

- 자몽　　　　　　　1개
- 미로와　　　　　　적당량
- 피스타치오 파우더　적당량
  (혹은 나진 것)

보관 방법
상온에서 2~3일 보관

파트 수크레

01 휴지시킨 반죽을 150g씩 분할한 후 타르트 틀 크기보다 약간 크게 3~4mm 두께로 밀어 편다. 반죽을 밀 때는 가운데 지점에서 위아래로 밀어주고 한 번 밀고 나면 뒤집어가며 밀어야 한다. 돌릴 때는 한쪽 방향으로 돌려가며 밀어주어야 전체적으로 두께가 균일해진다. 이 작업은 버터가 녹지 않도록 빠르게 하면 할수록 좋다.

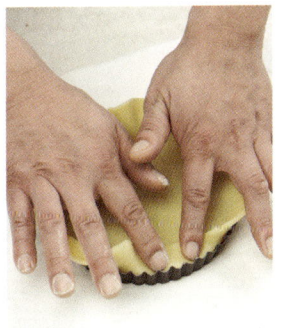

02 틀에 넣은 다음 모서리 부분을 접듯이 끼워 넣어야 얇아지지 않고 틀에 맞게 씌울 수 있다.

03 밀대로 위아래를 밀어 여분의 반죽을 제거한다.

04 틀 안쪽의 반죽은 위로 조금씩 벽을 세우듯이 올려가며 눌러준다.

05 파트 수크레 위에 기름종이를 깐 뒤 누름돌을 올려 170℃로 예열한 오븐에서 15분간 굽는다. 수크레 옆면에 색이 나기 시작하면 기름종이와 누름돌을 꺼낸 뒤 색이 전체적으로 날 때까지 15분 정도 더 굽는다.

피스타치오 크림

01 상온에 둔 버터를 실리콘 주걱으로 부드럽게 풀어준 후 설탕과 섞는다.

02 1에 피스타치오 페이스트를 넣고 섞는다.

03 체 친 박력분과 아몬드 파우더, 피스타치오 파우더를 2에 넣고 섞는다.

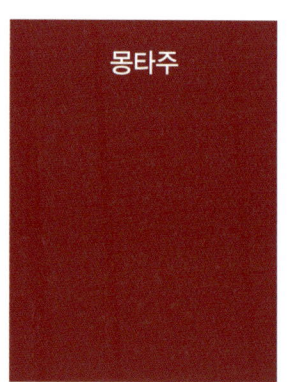

04 3에 미리 풀어놓은 달걀을 분리되지 않도록 주의하며 4회에 나눠 넣고 골고루 섞는다.

몽타주

01 자몽은 껍질의 위아래 부분을 자른 뒤, 세로로 껍질을 제거한다.

02 칼로 과육을 속껍질과 분리한 뒤 밀어내듯이 하여 과육만을 발라낸다. 너무 크면 비스듬히 반으로 자른다. 발라낸 과육은 키친타월 위에 얹어 물기를 제거해준다.

03 준비한 피스타치오 크림을 1.2㎝ 원형깍지를 끼운 짤주머니에 담아 구워놓은 파트 수크레 위에 짠다.

* **가운데부터 나선형으로 짜야 한쪽으로 치우치지 않는다.**

04 자몽의 과육을 꽂듯이 옆으로 뉘어 얹어올린 뒤 180℃ 오븐에서 30분간 굽는다.

Tip 가운데는 자몽을 얹지 않는다. 또한 자몽을 가득 얹으면 잘 익지 않으니 주의한다.

05 충분히 식힌 다음 틀에서 꺼내 붓으로 미로와를 바른 뒤 피스타치오 파우더를 가장자리에 뿌린다.

Tarte au fromage

프로마주 타르트

아낌없이 치즈를 넣은 진한 타르트이다. 오래 굽게 되면 색이 진해지면서
가운데가 터지게 되는데, 그럴 경우 촉촉한 느낌이 사라지니 주의하면서 굽는다.

필요한 도구
거품기, 국자, 붓

재료
[15cm 타르트 틀 2개 분량]
- 파트 수크레   2개
  (150g으로 분할한 것)

아파레이유(2개 분량)
- 크림치즈   135g
- 설탕   34g
- 달걀   73g
- 박력분   7g
- 콘스타치   4g
- 생크림   182g
- 미로와   적당량

보관 방법
냉장고에서 2~3일 보관

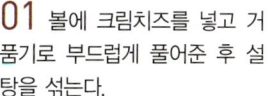

아파레이유 프로마주

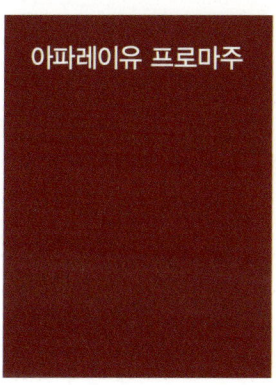

01 볼에 크림치즈를 넣고 거품기로 부드럽게 풀어준 후 설탕을 섞는다.

* 유제품은 스테인리스볼에 넣으면 맛이 변질되므로 플라스틱 용기를 사용하는 것이 좋다. 단, 생크림의 경우는 거품을 올릴 때 얼음물을 밑에 대야 하므로 스테인리스볼을 사용하는 경우가 많다.

02 달걀을 3회에 나눠 넣으며 분리되지 않도록 거품기로 계속해서 섞어준다.

03 체 친 박력분과 콘스타치를 넣고 섞은 후, 생크림을 2회에 나눠 넣고 섞는다.

04 구워놓은 파트 수크레 안에 아파레이유 프로마주를 가득 부은 후, 170℃로 예열한 오븐에서 40분간 치즈가 솟아오를 정도로 굽는다.

* 표면에 색이 나지 않아도 된다.

05 식힌 후에 틀에서 꺼내 미로와를 발라준다.

Tarte à la banane

바나나 타르트

바삭한 스트로이젤과 수크레(sucre) 사이에 캐러멜리제하여 크림처럼 부드럽고
달콤한 바나나가 가득 차 있는 타르트이다.

필요한 도구

실리콘주걱, 일회용 비닐,
밀대, 과도, 냄비, 거품기, 체,
랩, 도마, 프라이팬, 짤주머니,
1cm 원형깍지, 체

재료

[15cm 타르트 틀 2개 분량]

□ 파트 수크레   2개
　(150g으로 분할한 것)

스트로이젤(5개 분량)

□ 버터   125g
□ 슈거파우더   125g
□ 박력분   125g
□ 아몬드 파우더   125g

크렘 파티시에(180g씩 2개분)

□ 바닐라 빈   1/2개
□ 우유   300g
□ 노른자   90g
□ 설탕   90g
□ 박력분   30g
□ 버터   9g

바나나 캐러멜라이즈

□ 바나나   200g
□ 설탕   40g
□ 버터   8g

□ 데커레이션 슈거파우더 적당량

보관 방법

상온에서 2~3일 보관

스트로이젤

01 상온의 버터를 실리콘주
걱으로 푼 뒤 슈거파우더를 넣
고 섞는다.

02 체 친 박력분과 아몬드 파
우더를 1에 넣고 실리콘주걱으
로 살짝 섞은 뒤, 한 덩어리가 되
게끔 가볍게 반죽한다.

크렘 파티시에

03 비닐에 넣고 밀대로 밀어 펴서 8mm 두께의 사각형으로 만든
뒤 냉장고에서 하룻밤 휴지시킨다.

02 냄비에 우유와 바닐라 빈 껍질과 씨, 그리고 설탕의 1/5 정도를 넣고 끓인다. 끓기 시작하면 불을 끈다.

03 노른자에 나머지 설탕을 넣고 거품기로 재빨리 저으며 반죽이 하얗게 될 때까지 섞는다.

01 바닐라 빈을 세로로 갈라 뒤집어 벌린 뒤 칼등으로 바닐라 빈 속의 씨만 발라낸다.

04 체 친 박력분을 3에 넣고 천천히 거품기로 섞는다.

05 끓인 우유 2를 4에 넣고 섞는다.

06 5를 체에 거른 뒤 다시 가열하며 계속해서 거품기로 저어준다. 바닐라 빈 껍질은 제거한다.

08 알코올로 소독한 볼 또는 용기에 크렘 파티시에를 넣고 마르지 않도록 랩을 밀착시켜 덮은 뒤 얼음물에 놓고 차갑게 식힌다. 다시 끓이지 않기 때문에 손을 대지 않고 깨끗한 상태를 유지하는 것이 중요하다. 냉장 보관한다.

* 크렘 파티시에는 적은 양은 만들 수 없으므로 일부분만 사용하고 나머지를 버리더라도 양을 너무 적게 하지 않는 것이 좋다.

07 처음엔 무겁고 되직한 반죽이 되다가 시간이 지나면 급격히 묽고 윤기 나는 반죽이 된다. 무겁고 되직한 반죽에서 주르륵 흐르고 윤기가 나는 상태가 되면 버터를 넣고 섞는다.

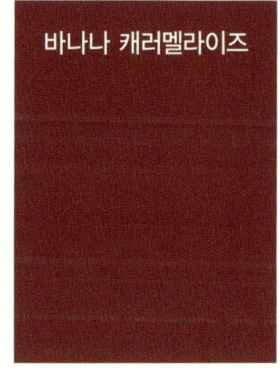

바나나 캐러멜라이즈

01 바나나는 양 끝을 잘라낸 뒤 3등분하고 다시 세로로 반을 자른다.

02 프라이팬에 설탕을 넣고 캐러멜색이 날 때까지 끓인다.

03 캐러멜색이 나면 상온의 버터를 넣고 섞은 다음 1을 넣고 골고루 색이 나도록 가볍게 뒤섞는다.

몽타주

01 1cm 원형깍지를 끼운 짤주머니에 크렘 파티시에를 채운 다음 미리 구워둔 파트 수크레에 가운데에서부터 나선형으로 짜 넣는다.

Tip 짤주머니는 볼스크래퍼로 밀어가면서 사용하면 훨씬 더 깨끗하게 사용할 수 있다.

02 캐러멜라이즈한 바나나를 올린다.

03 스트로이젤은 사용 직전에 8mm 크기의 정사각형으로 자른 뒤 손으로 가볍게 비벼 주어 각을 없애 자연스럽게 만든다.

04 스트로이젤을 뿌린 다음 170℃ 오븐에서 30~40분간 굽는다. 틀째 식힌 후 데커레이션 슈거파우더를 뿌린다.

* 스트로이젤이 겹쳐지면 속이 익지 않으므로 한 겹만 쌓는 것이 좋다.

딸기 타르트 Tarte aux fraises

고소한 크림 위에 과일을 얹어 구운 타르트이다. 설탕에 절인 딸기, 냉동 라즈베리를
사용하기 때문에 제철이 아니어도 만들 수 있다.

필요한 도구

알코올, 과도, 도마, 실리콘주걱,
짤주머니, 1.2㎝ 원형깍지, 붓, 체

재료

[15㎝ 틀 2개 분량]

□ 파트 수크레 (150g으로 분할한 것)	2개

절임 딸기

□ 딸기	9개
□ 설탕	20g

아몬드 크림(2개 분량)

□ 버터	83g
□ 설탕	83g
□ 아몬드 파우더	60g
□ 헤이즐넛 파우더	26g
□ 박력분	12g
□ 달걀	76g
□ 냉동 라즈베리	14개
□ 미로와	적당량
□ 데커레이션 슈거파우더	적당량

보관 방법

상온에서 2~3일 보관

절임 딸기

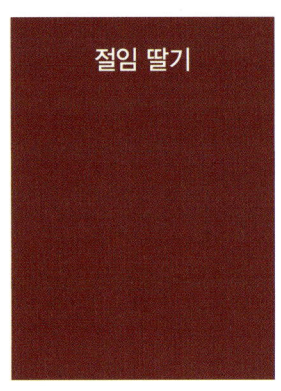
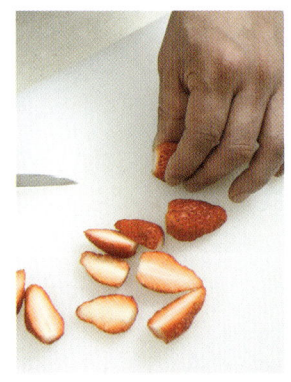

01 알코올로 소독한 딸기를 꼭지를 따고 반으로 잘라 설탕에 버무린 후 반나절 정도 냉장고에 넣어둔다. 절이는 도중 한번씩 섞어 설탕이 잘 녹도록 한다.

* 딸기는 물에 닿으면 쉽게 상하기 때문에 딸기에 알코올을 뿌린 뒤 키친타월로 닦아 소독하여 사용한다.

아몬드 크림

01 볼에 상온에 두었던 버터를 넣고 실리콘주걱으로 푼 다음 설탕을 넣고 섞는다.

02 함께 체 친 아몬드 파우더, 헤이즐넛 파우더, 박력분을 넣고 섞는다.

03 달걀은 4회에 걸쳐 나눠 넣고 섞는다.

04 완성된 아몬드 크림은 냉장고에서 30분간 휴지시킨다.

몽타주

01 1.2㎝ 원형깍지를 끼운 짤주머니에 아몬드 크림을 채운 다음, 구워둔 파트 수크레에 가운데에서부터 나선형으로 아몬드 크림을 짜 넣는다.

02 절임 딸기를 올리고 빈 공간에 냉동 라즈베리도 올린 다음 180℃로 예열한 오븐에 넣고 25~30분간 굽는다.
* 너무 가득 올리면 크림이 속까지 익지 않으니 적당량만 사용한다.

03 틀째 식힌 후 꺼내 미로와를 바른 뒤 데커레이션 슈거파우더로 장식한다.

Engadiner

엥가디너

타르트 반죽 사이에 캐러멜을 입힌 호두를 듬뿍 넣어 고소한 맛이 일품이다.

필요한 도구

밀대, 광목, 기름종이, 누름돌,
15cm 타르트 틀, 냄비, 온도계,
나무주걱, 실리콘주걱, 붓, 포크

재료

[15cm 타르트 틀 1개 분량]

□ 파트 사브레	270g

(150g 바닥용, 120g 덮는용)

호두 캐러멜라이즈 (1개분)

□ 설탕	42g
□ 생크림	77g
□ 꿀	33g
□ 물엿	9g
□ 버터	17g
□ 호두	81g

달걀물

□ 달걀	1개
□ 노른자	3개 분량
□ 소금	적당량
□ 설탕	적당량

보관 방법

상온에서 4~5일 보관

파트 사브레

01 휴지시킨 반죽이 너무 단단할 경우에는 밀대로 가볍게 두드려준다.

02 가장자리가 갈라지면 붙여가면서 작업한다.

03 바닥은 150g, 뚜껑은 120g으로 분할하여 파트 수크레와 같이 3~4mm 두께로 밀어 편다.

04 반죽을 파트 수크레와 같은 방법으로 타르트 틀에 밀착시킨 다음 기름종이를 타르트 크기보다 크게 오려 깔고 누름돌을 넣는다.

05 180℃로 예열한 오븐에서 15~20분간 굽고, 파트 사브레 옆면에 색이 나기 시작하면 기름종이와 누름돌을 꺼낸 뒤 색이 전체적으로 날 정도로 15분 정도 더 굽는다.

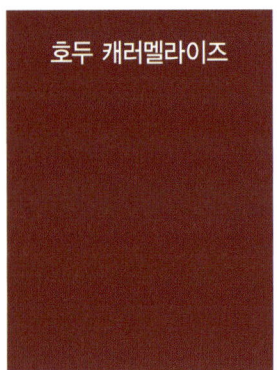

호두 캐러멜라이즈

01 동냄비에 설탕을 넣고 조금 캐러멜화한 후 거품이 살짝 날 때 불을 끄고 끓인 생크림을 4회에 나눠 넣어가며 섞는다.

* 반드시 나무주걱을 사용한다. 생크림이 식으면 녹인 설탕과 만나면서 심하게 튀기 때문에 주의한다.

02 꿀과 물엿을 넣고 115℃ 까지 끓인다.

* 탈 수 있으므로 주의한다.

몽타주

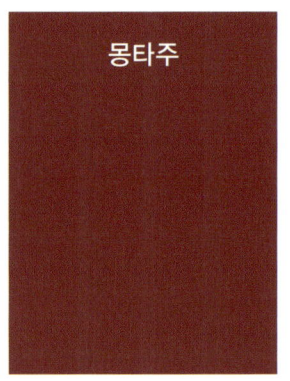

03 불을 끄고 상온의 버터를 2에 넣고 섞은 다음 대충 자른 구운 호두를 넣고 섞는다.

03-1 완성된 호두 캐러 멜라이즈

01 구운 파트 사브레에 캐 러멜라이즈해 식힌 호두를 가 득 채운다.

02 사브레 가장자리에 달걀 물을 바른다.

03 파트 사브레 반죽 120g 을 밀대로 밀어펴서 1의 위에 얹는다.

04 타르트 틀 밖 여분의 반죽을 손가락으로 눌러 제거한다.

05 사진과 같이 손바닥을 이용하여 잘 밀착시킨다.

06 반죽 위에 달걀물을 바르고 냉장고에 1시간 정도 두었다가 다시 한 번 달걀물을 바른다.

07 포크로 모양을 낸 다음 구멍을 4~5곳에 넣고, 170℃ 오븐에서 40분간 굽는다.

Tarte à l'oignon

어니언 타르트

양파를 충분히 익혀 달콤한 맛을 살리고, 블루치즈를 넣어 깊은 풍미를 더했다.
작은 사이즈로 구워서 하나씩 가볍게 식사대용으로 먹어도 좋다.

필요한 도구
밀대, 광목, 기름종이, 누름돌,
15cm 타르트 틀 2개, 냄비,
실리콘주걱, 거품기, 체, 국자

재료
[15cm 타르트 틀 2개 분량]

□ 파트 브리제　　　　2개
　(150g으로 분할한 것)

가르니튀르
□ 양파　　　　　　889g
□ 버터　　　　　　44g
□ 월계수 잎　　　　2장
□ 바질, 파슬리　　　적당량
□ 소금, 후춧가루　　적당량

아파레이유
□ 블루치즈　　　　75g
□ 달걀　　　　　　150g
□ 우유　　　　　　120g
□ 생크림　　　　　150g
□ 소금, 후춧가루　　적당량
□ 넛메그　　　　　적당량
□ 파슬리 가루　　　적당량

보관 방법
구운 어니언 타르트는
냉장고에서 2~3일 보관

파트 브리제

01 휴지시킨 반죽을 꺼내어 광목에 강력분(분량 외)을 뿌리고 3~4mm 두께가 되도록 밀대로 밀어 편다. 타르트 틀 크기보다 약간 크게 밀어 편 다음 반죽을 틀 위에 얹는다.

03 틀에 반죽을 밀착시킨다.

02 틀에 반죽을 끼워 넣는다. 모서리 부분은 접듯이 끼워 넣어야 얇아지지 않고 틀에 맞게 씌울 수 있다.

04 윗부분의 여분 반죽은 가위로 잘라 깨끗하게 다듬은 다음 냉장고에서 1시간 휴지시킨다.

04-1 완성된 파트 브리제의 상태

05 파트 브리제 위에 기름종이와 누름돌을 올린 후 180℃ 오븐에서 15~20분간 굽고, 브리제 옆면에 색이 나기 시작하면 기름종이와 누름돌을 꺼낸 뒤 색이 전체적으로 날 때까지 15분 정도 더 굽는다.

가르니튀르

01 양파는 너무 가늘지 않게 채 썰어 냄비에 버터, 월계수 잎과 함께 넣고 약한 불에서 약 1시간 정도 천천히 익혀 캐러멜화시킨다.

02 양파가 어느 정도 익으면 바질, 파슬리를 넣은 후 소금과 후춧가루로 간한다.

아파레이유

01 푸드프로세서에 블루치즈, 달걀을 넣고 돌린다.

* 달걀은 양이 많으니 2회에 나누어서 돌리면 좋다.

02 우유를 넣고 섞은 후, 생 크림도 넣는다.

03 2를 고운 체에 거른다. 잘 안 내려가면 실리콘주걱으로 긁어서 내린 다음 볼에 붓고 소금과 후춧가루, 넛메그로 간한다.

몽타주

01 구워놓은 파트 브리제에 완성된 가르니튀르를 넣는다. 포크로 넓게 편 다음 월계수잎은 제거한다.

02 아파레이유는 살짝 저은 후, 국자로 넘치지 않게 붓는다.

Tip 혹시 파트 브리제에 갈라진 부분이 있다면 마지팬으로 메우듯이 발라준다.

03 파슬리 가루를 뿌리고 180℃ 오븐에서 40~50분간 굽는다. 충분히 식힌 다음 틀에서 꺼낸다.

Gâteau à la vanille

바닐라 케이크

푸짐해 보이고 보관도 용이해 선물하기 좋은 케이크이다. 바닐라 빈이 아낌없이 들어가 향이 풍부하고 촉촉하다.

필요한 도구
셀로판지, 냄비,
푸드프로세서, 실리콘주걱,
6.5×14×6㎝ 틀 2개, 유산지,
철판, 붓, 그릴망

재료
[6.5×14×6㎝ 틀 2개 분량]

시럽 앙비바주
□ 물	45g
□ 설탕	30g
□ 바닐라 빈 껍질	1개 정도
□ 오렌지 제스트	0.5개 분량
□ 레몬 제스트	0.5개 분량

바닐라 케이크
□ 바닐라 빈	1.5개
□ 소금	2g
□ 설탕	117g
□ 바닐라 슈거	4g
□ 버터	165g
□ 바닐라 플레이버	12g
□ 아몬드 파우더	30g
□ 마지팬	93g
□ 달걀	129g
□ 생크림	50g
□ 박력분	132g
□ 베이킹파우더	2.4g
□ 버터	적당량

보관 방법
상온에서 10일 정도 보관

코르네 만들기

01 셀로판지는 적당한 크기로 자른 후 다시 사선으로 자른다.

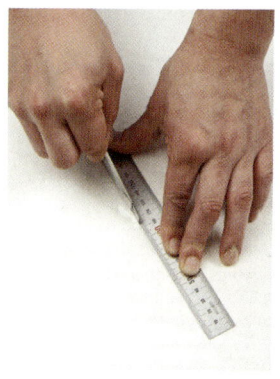

02 한쪽 끝이 뾰족하게끔 고깔 모양으로 말아준다.

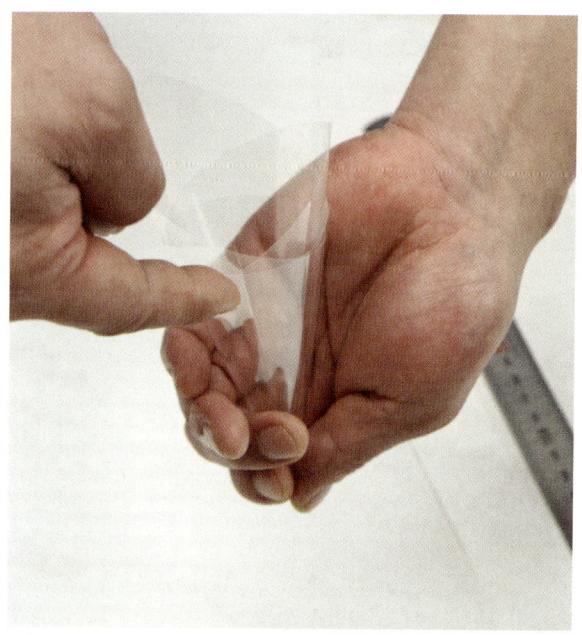

03 안쪽과 바깥쪽이 일치할 때 테이프를 붙인다.

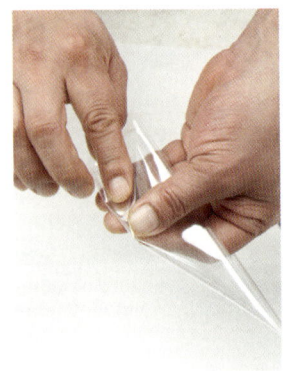 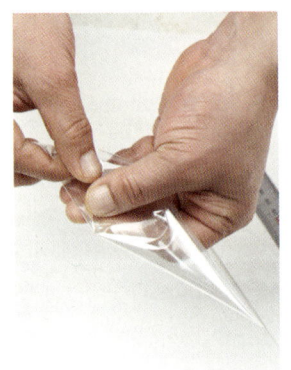  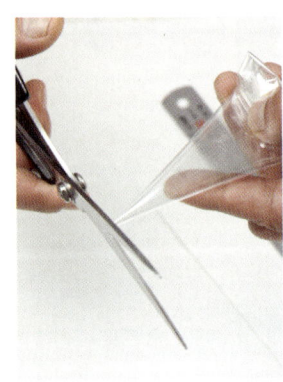

04 내용물을 채우고 나면 왼쪽, 오른쪽을 사진과 같이 접는다.

05 내용물이 새지 않도록 말듯이 접은 후 원하는 굵기가 되도록 끝을 자른다.

시럽 앙비바주
&
바닐라 케이크

01 바닐라 빈은 씨와 껍질을 분리한다.

02 냄비에 물, 설탕, 바닐라 빈 껍질, 오렌지 제스트, 레몬 제스트를 반 개 분량씩 넣고 끓인 다음 식혀 시럽을 준비한다.

04 푸드프로세서에 미리 준비해 둔 3을 넣은 다음 버터, 바닐라 플레이버, 아몬드 파우더, 마지팬, 달걀 1/3을 넣고 섞는다. 남은 달걀 1/3을 넣고 잠시 돌린 후 나머지 달걀도 넣고 섞는다.

05 생크림을 넣고 섞은 다음 윤기가 날 정도로 잘 섞이면 체 친 박력분과 베이킹파우더를 넣고 섞는다.

03 분리한 바닐라 빈 씨와 소금, 설탕, 바닐라 슈거를 손으로 비벼가며 섞어 향이 배게 한다.

06 유산지를 깐 틀에 반죽을 넣는다.

07 표면을 평평하게 편 다음 고깔 모양 코르네에 버터를 넣고 반죽 위에 버터를 얇게 한 줄 짜준다. 철판에 틀을 올려 170℃ 오븐에서 약 45분간 굽는다.

＊ 반죽 위에 버터를 짜주면 파운드 윗면이 일찍 터져 수분이 빠져나오게 된다. 이것이 파운드가 꺼지는 것을 방지한다.

08 오븐에서 꺼낸 뒤 틀에서 꺼내 옆면의 유산지를 벗기고 바닥을 제외한 모든 면에 앙비바주 시럽을 바른 다음 쓰고 남은 바닐라 빈 껍질로 윗면을 장식한다.

Gâteau au citron

시트롱 케이크

레몬의 향을 최대한 살린 산뜻한 파운드케이크로 먹는 사람들의 반응이 매우 좋다.

필요한 도구

과도, 냄비, 푸드프로세서,
실리콘주걱, 6.5×14×6㎝ 파운드
틀 2개, 유산지, 철판, 그릴망, 붓

재료

[6.5×14×6㎝ 틀 2개 분량]

레몬콩피

□ 레몬	1kg
□ 물	300g
□ 설탕	1kg
□ 물엿	1kg
□ 바닐라 빈	1개

시트롱 케이크

□ 레몬 제스트	레몬 5개 분량
□ 설탕	181g
□ 소금	2g
□ 달걀	130g
□ 사워크림	78g
□ 럼	16g
□ 박력부	139g
□ 베이킹파우더	2g
□ 녹인 버터	80g
□ 다진 레몬콩피	65g

레몬 시럽

□ 물	60g
□ 설탕	50g
□ 레몬즙	30g

□ 살구잼 (잼 부분 참조)
□ 장식용 레몬콩피

보관 방법

상온에서 4~5일 정도 보관

레몬콩피

01 레몬을 적당한 크기로 썬
후 속껍질을 제거하여 하룻밤
차가운 물에 담가둔다.

02 냄비에 레몬껍질과 새로
운 물(분량 외)을 넣고 끓이는
과정을 3회 반복한다.

* 떫은 맛을 없애기 위함이다.

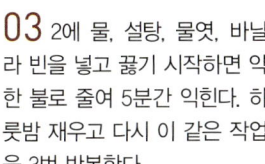

03 2에 물, 설탕, 물엿, 바닐
라 빈을 넣고 끓기 시작하면 약
한 불로 줄여 5분간 익힌다. 하
룻밤 재우고 다시 이 같은 작업
을 3번 반복한다.

* 시럽이 스며들기 위한 시간을 주
는 것으로 총 3일이 소요된다.

* 자몽콩피도 같은 방법으로 만
든다.

시트롱 케이크

01 레몬 제스트를 설탕, 소
금과 함께 손으로 비벼 섞어
향이 배게 한다.

02 푸드프로세서에 1과 달걀을 넣고 섞는다.

03 2에 사워크림, 럼을 넣고 섞은 다음 체 친 박력분, 베이킹파우더를 넣고 섞는다. 녹인 버터를 조금씩 넣으며 잘 섞는다.

04 다진 레몬콩피를 넣고 다시 가볍게 섞는다.

05 유산지를 깐 틀에 붓고 철판에 올려 170℃ 오븐에서 40~45분간 굽는다. 케이크가 구워지는 동안 레몬 시럽을 준비한다.

* 레몬 시럽은 냄비에 물과 설탕을 넣고 끓인 뒤 레몬즙을 넣어 완성한다.

06 오븐에서 나오자마자 바닥을 제외한 옆면의 유산지를 벗겨낸 후 레몬 시럽을 바르고 세워서 식힌다.

몽타주

01 냄비에 살구잼과 물을 10:1 비율로 넣고 살구잼이 풀릴 정도로만 끓여서 식힌다.

02 1을 윗면에 바르고 레몬콩피 또는 자몽콩피를 올려 장식한다.

* 제품의 건조를 막고 광택을 내기 위해 살구잼을 사용한다.

케이크 살레 Gâteau salé

달콤한 파운드케이크가 아닌 '짭짜름한' 케이크이다.
야채와 닭가슴살이 들어가 식사대용으로도 좋다.

필요한 도구

냄비, 프라이팬, 나무주걱,
체, 푸드프로세서,
6.5×14×6㎝ 파운드 틀 2개,
유산지, 철판

재료

[6.5×14×6㎝ 틀 2개 분량]

가르니튀르

☐ 닭가슴살	200g
☐ 올리브오일	적당량
☐ 바질	적당량
☐ 소금	적당량
☐ 후추	적당량
☐ 트레할로스	적당량
☐ 설탕	적당량
☐ 감자	175g
☐ 당근	100g
☐ 양파	50g

케이크 살레

☐ 커리 파우더	9g
☐ 달걀	144g
☐ 트레할로스	6g
☐ 소금	4g
☐ 녹인 버터	36g
☐ 올리브오일	36g
☐ 파마산 치즈가루	50g
☐ 박력분	115g
☐ 베이킹파우더	4g
☐ 바질	적당량
☐ 파슬리	적당량

보관 방법

상온에서 4~5일 정도 보관

가르니튀르

01 닭가슴살을 올리브오일과 바질로 마리네이드한 후 소금, 후춧가루를 뿌려 간한다.

02 트레할로스와 설탕을 조금씩 넣은 물에 썰어둔 감자를 넣고 삶다가 어느 정도 익으면 당근을 함께 넣고 삶는다.

03 양파를 채 썰어 팬에 넣고 소금·후추로 간해 올리브오일에 볶는다.

04 당근과 감자를 체에 걸러 건져낸다.

05 마리네이드한 닭가슴살을 프라이팬에 굽는다. 뒤집은 후 어느 정도 구워지면 뚜껑을 덮어 익힌다.

06 다 구워진 닭가슴살은 적당한 크기로 썬다.

01 푸드프로세서에 커리 파우더와 약간의 달걀을 넣고 섞는다.

02 어느 정도 섞이면 나머지 달걀을 넣고 한 번 더 섞은 후 트레할로스, 소금을 넣고 섞는다.

03 녹인 버터와 올리브오일, 파마산 치즈가루를 넣고 섞은 후 체 친 박력분과 베이킹파우더를 넣고 섞는다.

04 다진 생바질과 파슬리 가루를 넣고 섞은 후 볼에 옮겨 담는다.

05 양파와 닭가슴살을 넣어 가볍게 섞은 뒤, 감자와 당근을 넣고 섞는다.

06 유산지를 깐 틀에 반죽을 붓고 파슬리 가루를 뿌린다. 철판 위에 올려 180℃에서 35분 정도 굽는다.

Castella à la ganache au chocolat au lait
Castella à la ganache au chocolat blanc

밀크초콜릿 가나슈 카스텔라

시중에서 흔히 접할 수 있는 카스텔라가 아닌, 레꼴두스만의 조금 특별한 카스텔라이다.
초콜릿 가나슈가 들어가 있어 촉촉함을 느낄 수 있다.

필요한 도구

바믹서, 거품기, 벤치믹서,
53×37㎝ 롤 철판, 유산지,
L자 팔레트나이프, 톱니칼

재료

[53×37㎝ 철판 한 판 분량]

밀크 가나슈

☐ 화이트초콜릿	62g
☐ 밀크초콜릿	63g
☐ 생크림	55g
☐ 트리플섹	15g

비스퀴

☐ 생크림	124g
☐ 화이트초콜릿	137g
☐ 밀크초콜릿	137g
☐ 버터	297g
☐ 설탕A	214g
☐ 노른자	242g
☐ 흰자	484g
☐ C300	5g
☐ 설탕B	225g
☐ 박력분	280g
☐ 코코아 파우더	49g

보관 방법

상온에서 10일 보관

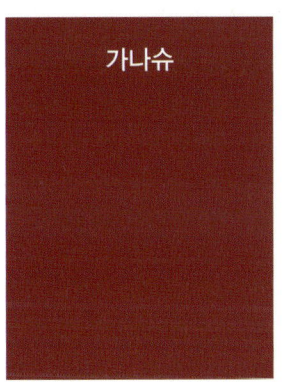

가나슈

01 화이트초콜릿과 밀크초콜릿이 담긴 비커에 데운 생크림을 넣고 바믹서로 섞은 다음 트리플섹을 넣고 다시 섞는다. 생크림이 식어 잘 안 섞일 땐 전자레인지에 살짝 데워 다시 바믹서로 섞어준다.

02 작고 평평한 쟁반 혹은 알루미늄볼에 옮겨 마르지 않도록 랩을 밀착시켜 붙인 뒤 하룻밤 냉장 보관한다.

비스퀴

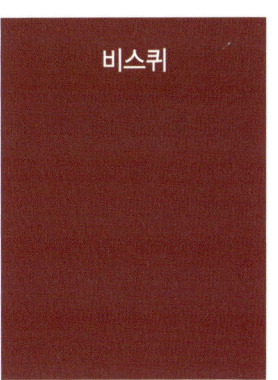

01 데운 생크림을 화이트초콜릿과 밀크초콜릿이 담긴 비커에 넣고 바믹서로 섞은 다음 평평한 쟁반에 넓게 펴 30분 정도 식힌다.

02 상온에 두어 말랑해진 버터를 거품기로 풀어준 다음 설탕A를 넣고 잘 섞는다.

03 1을 조금씩 풀어 2에 2~3회에 나눠 넣고 잘 섞는다.
* 너무 차가우면 분리되므로 주의하고, 과하게 섞으면 녹으므로 주의한다.

04 상온에 둔 노른자를 2~3회에 나눠 넣고 잘 섞는다.

05 차가운 흰자에 C300을 넣고, 설탕B를 3회에 나눠 넣으며 머랭을 만든다.

06 4에 머랭 1/3을 넣고 섞은 후 체 친 박력분과 코코아 파우더를 한꺼번에 넣고 밑에서부터 위로 섞는다.

07 나머지 머랭을 넣고 잘 섞는다.

08 유산지를 깐 틀에 비스퀴를 붓고 평평하게 편 다음 170℃에서 22분간 구운 뒤 아래 그릴을 깔고 11분 동안 더 굽는다.

09 다 구워지면 오븐에서 꺼 내 바닥을 쳐 증기를 뺀 뒤, 데 프론시트를 덮어 뒤집는다. 그 릴에 올려 상온에서 10분 정도 식힌 뒤, 윗면의 유산지를 떼어 내 완전히 식힌다.

10 비스퀴는 반으로 커팅한 후 커팅한 한 면에 미리 만들어 둔 가 나슈를 팔레트나이프로 얇게 펴 바른다.

11 나머지 비스퀴를 구워진 면이 위를 보게 얹어준다.

12 냉장고에 넣어 굳힌 뒤 14.5×6.5㎝로 커팅한다.

화이트초콜릿 가나슈 카스텔라

필요한 도구

바믹서, 거품기, 벤치믹서,
53×37㎝ 롤 철판, 유산지,
L자 팔레트나이프, 톱니칼

재료

[53×37㎝ 철판 한 판 분량]

가나슈

□ 화이트초콜릿	125g
□ 생크림	55g
□ 트리플섹	16g

비스퀴

□ 생크림	124g
□ 화이트초콜릿	275g
□ 버터	297g
□ 설탕A	214g
□ 노른자	242g
□ 흰자	484g
□ C300	5g
□ 설탕B	225g
□ 박력분	330g

보관 방법

상온에서 10일 보관

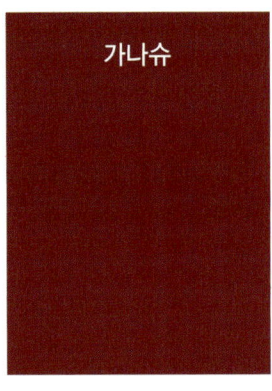

가나슈

01 비커에 화이트초콜릿을 넣고 데운 생크림을 넣은 다음 바믹
서로 섞는다.

02 트리플섹을 넣고 다시 섞
는다. 생크림이 식어서 잘 안
섞일 땐 전자레인지에 살짝 데
워 다시 바믹서로 섞어준다. 작
고 평평한 쟁반에 옮겨 마르지
않도록 랩을 밀착시켜 붙인 뒤
하룻밤 냉장 보관한다.

비스퀴

01 데운 생크림을 화이트초
콜릿이 담긴 비커에 부어 바믹
서로 섞은 다음 쟁반에 넓게
펴서 랩핑한 후 30분 정도 식
힌다.

02 상온에 두어 말랑해진 버터를 거품기로 풀어준 다음 설탕을 넣고 잘 섞은 후, 1을 조금씩 풀어 2~3회에 나눠 넣고 잘 섞는다.

* 너무 차가우면 분리되므로 주의한다.

03 상온에 둔 노른자를 2~3회에 나눠 넣고 잘 섞는다.

04 차가운 흰자에 C300을 넣고, 설탕B를 3회에 나눠 넣으며 머랭을 만든다. 머랭 1/3을 넣고 섞은 다음 체 친 박력분을 넣고 밑에서부터 위로 섞는다.

05 나머지 머랭을 넣고 잘 섞는다.

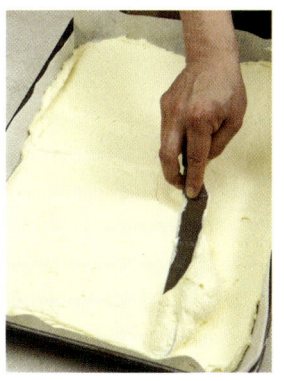

06 유산지를 깐 틀에 비스퀴를 붓고 평평하게 편 다음 170℃에서 22분간 구운 뒤 아래 그릴을 깔고 11분 더 굽는다. 다 구워지면 증기를 뺀 후 데프론시트를 덮어 뒤집는다.

07 10분 정도 식힌 후 유산지를 떼어내고 반으로 커팅한 후 커팅한 한 면에 팔레트나이프로 가나슈를 얇게 펴 바른다. 나머지 비스퀴를 구워진 면이 위를 보게 얹어준다.

08 냉장고에 넣어 굳힌 뒤 14.5×6.5㎝로 커팅한다.

Ganache au chocolat

가나슈 쇼콜라

가끔 남은 제누아즈가 아깝게 느껴질 때가 있다. 그런 제누아즈를 이용해 만든 새로운 디저트이다.
부드러운 제누아즈에 풍부한 크림이 너무나도 잘 어울린다.

필요한 도구
푸드프로세서, 실리콘주걱,
53×37㎝ 롤 철판, 유산지
L자 팔레트나이프, 바믹서,
톱니칼

재료
[53×37㎝ 철판 한 판 분량]

비스퀴 쇼콜라
□ 설탕	222g
□ 마스코바도 설탕	222g
□ 소금	1g
□ 버터	365g
□ 달걀	357g
□ 제누아즈 크럼블	389g
□ 생크림	133g
□ 박력분	89g
□ 아몬드 파우더	111g
□ 베이킹파우더	3g
□ 베이킹 소다	1g
□ 코코아 파우더	53g
□ 럼	89g

가나슈
□ 55% 초콜릿	667g
□ 생크림	600g
□ 버터	150g

보관 방법
상온에서 약 10일간 보관

제누아즈 크럼블

01 구워둔 제누아즈를 살짝 얼린 뒤 손으로 부서뜨려 제누아즈 크럼블을 만들어둔다.

비스퀴 쇼콜라

01 푸드프로세서에 설탕, 마스코바도 설탕, 소금, 버터, 달걀 1/3을 넣고 돌린다.

02 1에 제누아즈 크럼블 1/2과 달걀 1/3을 넣고 섞은 다음 남은 달걀을 다 넣고 섞는다. 나머지 크럼블도 다 넣고 섞는다.

03 데운 생크림을 넣고 섞는다.

04 볼에 옮긴 다음 체 친 가루류를 넣고 실리콘주걱으로 섞는다.

05 럼을 넣고 섞는다.

06 철판 위에 유산지를 깔고, 그 위에 반죽을 붓는다. 팔레트 나이프로 평평하게 밀어 편 다음 185℃로 예열한 오븐에서 40분간 굽는다.

가나슈

01 초콜릿에 데운 생크림을 붓고 바믹서 다이얼 6번으로 섞는다.

02 35℃가 되면 상온에 두었던 버터를 넣고 다시 바믹서로 가볍게 섞는다.

03 실리콘주걱으로 다시 한 번 가볍게 섞은 후 냉장 보관한다.

몽타주

01 비스퀴는 뒤집어서 3등분으로 커팅한 후 가나슈를 켜켜이 발라 나머지 비스퀴를 올려 샌드한다.

02 냉장고에 넣어 하룻밤 굳힌 후 가장자리를 잘라내고 14.5×6.5㎝로 잘라 코코아 파우더(분량 외)를 뿌린다.

Part 05

파이

갈레트 데 루아
밀푀유

Galette des Rois

갈레트 데 루아

'왕의 과자'라는 의미를 가진 프랑스의 전통적인 파이이다. 프랑스에서는 신년이 되면
도자기 인형인 페브를 넣은 갈레트 데 루아를 먹는 풍습이 있다.

필요한 도구

벤치믹서, 볼스크래퍼,
일회용 비닐, 밀대, 광목,
실리콘주걱, 거품기, 냄비,
지름 21㎝ 무스 링, 과도,
철판, 데프론시트,
짤주머니, 1.2㎝ 원형깍지,
작은 팔레트 나이프,
지름 18㎝ 무스 링, 붓

재료

[2개 분량]

파이 반죽-앙베르쎄

반죽 A

□ 강력분	150g
□ 버터	400g

반죽 B

□ 박력분	350g
□ 소금	15g
□ 식초	12.5g
□ 차가운 물	150g
□ 버터	100g
□ 덧가루(강력분)	적당량

크렘 파티시에(70g만 사용)

□ 바닐라 빈	1/2개
□ 우유	300g
□ 노른자	90g
□ 설탕	90g
□ 박력분	30g
□ 버터	9g

아몬드 크림

□ 버터	107g
□ 설탕	107g
□ 아몬드 파우더	77g
□ 헤이즐넛 파우더	34g
□ 박력분	16g
□ 달걀	99g

시럽

□ 물	200g
□ 설탕	290g

달걀물

□ 달걀	1개
□ 노른자	3개 분량
□ 소금	적당량
□ 설탕	적당량

보관 방법

상온에서 2~3일 보관

01 믹서에 강력분과 1cm 크
기로 깍뚝썰기한 차가운 버터
를 넣고 비터로 섞는다.

* 강력분은 냉장고에 넣어두었다
  사용하면 좋다.

02 반죽을 꺼낸 다음 작업
대에서 한 덩어리가 되도록 반
죽한다.

03 25×25㎝ 크기의 정사각
형으로 밀어 편 후 비닐에 싸
서 냉장고에서 2~3시간 휴지
시킨다.

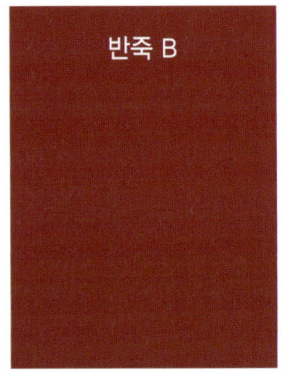

반죽 B

01 박력분을 작업대에 부은 뒤 가운데 홈을 파 소금과 식초를 섞은 차가운 물을 붓는다.

02 상온에 둔 버터를 1에 넣고 볼스크래퍼로 섞는다.

03 가장자리의 박력분을 조금씩 넣어가며 섞은 다음 볼스크래퍼로 썰어가며 반죽하여 한 덩어리로 만든다.

04 25×25㎝ 크기의 정사각형으로 밀어 편 후 비닐에 싸서 냉장고에서 2~3시간 휴지시킨다.

파이 반죽

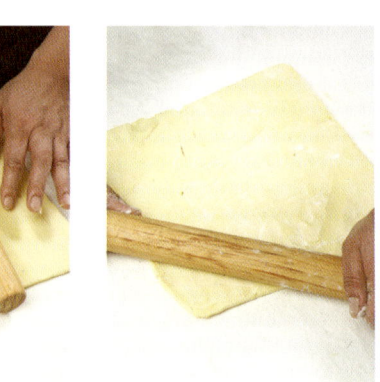

01 광목천에 강력분(분량 외)을 뿌리고 반죽 A를 냉장고에서 꺼내 밀대로 두들기며 밀어 편다.

02 반죽의 중심이 마름모꼴로 두껍게 남도록 가장자리를 밀대로 밀어 편다.

03 반죽 B를 냉장고에서 꺼내어 반죽 A의 가운데에 올려놓는다. 반죽의 모서리가 중심에 오도록 사방의 반죽으로 접어 싼 다음 30분간 냉장고에서 휴지시킨다.

04 밀대로 두들기며 전체적으로 굵기를 맞춘 후 중심에서부터 위 아래로 체중을 실어서 밀대로 밀어 편다. 광목천에 반죽이 붙지 않도록 강력분(분량 외)을 뿌려가며 밀어 편다.

＊ 덧가루를 많이 사용하면 맛을 해칠 수 있으니 필요한 최소량만 사용한다.

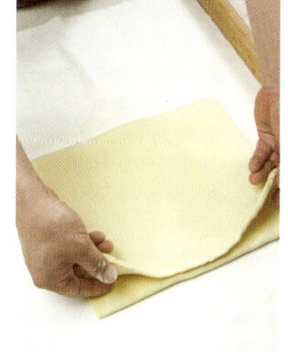

05 25×60㎝ 크기가 되면 마른 붓으로 불필요한 덧가루를 제거한 다음 4절 접기(반죽의 1/3이 되는 지점에서 맞물리도록 접어준 뒤, 다시 반으로 접는다)를 한다. 냉장고에서 2시간 휴지를 시킨 후 90° 방향으로 돌리고 밀어 편 후, 4절 접기를 한 번 더 한다. 다시 2시간 냉장고에서 휴지시킨다.

06 냉장고에서 꺼낸 반죽을 90° 방향으로 돌린 후 다시 한 번 밀어 편다. 불필요한 덧가루를 마른 붓으로 제거하고 3절 접기(반죽을 삼등분하여 접는다)를 한다. 냉장고에서 1시간 휴지시킨다.

아몬드 크림

01 상온에 둔 버터를 실리콘 주걱으로 푼 다음 설탕을 넣고 섞는다.

02 함께 체 친 아몬드 파우더, 헤이즐넛 파우더, 박력분을 넣고 섞는다.

03 달걀은 4회에 걸쳐 나눠 넣고 섞는다.

04 완성된 아몬드 크림은 냉장고에서 30분간 휴지시킨다.

크렘 파티시에

01 바닐라 빈을 세로로 갈라 뒤집어 벌린 뒤 칼등으로 바닐라 빈 속의 씨만 발라낸다. 냄비에 우유와 바닐라 빈 껍질과 씨, 그리고 설탕의 1/5 정도를 넣고 끓인다. 끓기 시작하면 불을 끈다.

02 노른자에 나머지 설탕을 넣고 거품기로 재빨리 저으며 반죽이 하얗게 될 때까지 섞는다.

03 체 친 박력분을 2에 넣고 천천히 거품기로 섞은 후 1을 넣고 섞는다.

04 3을 체에 거른 뒤 다시 가열하며 계속해서 거품기로 저어준다. 바닐라 빈 껍질은 제거한다.

05 처음엔 무겁고 되직한 반죽이 되다가 그 시간이 지나면 급격히 묽고 윤기 나는 반죽이 된다. 무겁고 되직한 반죽에서 주르륵 흐르고 윤기가 나는 상태가 되면 버터를 넣고 섞는다.

06 알코올로 소독한 볼 또는 용기에 크렘 파티시에를 넣고 마르지 않도록 랩을 밀착시켜 덮은 뒤 얼음물에 놓고 차게 식힌다. 다시 끓이지 않기 때문에 손을 대지 않고 깨끗한 상태를 유지하는 것이 중요하다. 냉장 보관한다.

* 크렘 파티시에는 적은 양은 만들 수 없으므로 일부분만 사용하고 나머지를 버리더라도 양을 너무 적게 하지 않는 것이 좋다.

몽타주

01 크렘 파티시에와 아몬드 크림을 섞어 냉장고에서 2~3시간 휴지시킨다.

02 파이 반죽을 꺼내어 3㎜ 두께로 밀어 편 후 냉장고에서 2시간 휴지시킨다. 지름 21㎝ 원형으로 4장을 칼로 잘라낸다. 칼로 잘라야 옆면의 파이 결이 예쁘게 나온다. 이때 파이의 방향에 따라 모양이 바뀌므로 돌아가지 않도록 주의한다.

03 달걀물을 반죽 가장자리에 바른다.

04 1.2㎝ 원형깍지를 끼운 짤주머니에 냉장고에서 꺼내 가볍게 푼 크림 1을 채운 다음 3의 반죽 위에 짠다. 가장자리까지 짜지 않도록 한다. 크림은 작은 팔레트나이프로 펴준다.

* 크림은 1개당 약 200g 사용한다.

05 위에 덮을 새로운 반죽을 90˚ 방향으로 돌린 다음 크림 위에 얹는다. 공기가 사이에 들어가지 않도록 공기를 빼가며 윗장을 붙인다.

* 잘라낸 상태 그대로 같은 방향으로 반죽을 올리게 되면 파이를 밀면서 힘이 한 방향으로 쏠리기 때문에 구웠을 때 타원형이 될 수 있으므로 반드시 90˚ 돌린다.

06 18㎝ 무스 링으로 가장자리를 눌러준다.

07 반죽의 가장자리 부분을 손가락으로 꾹꾹 눌러 붙여가며 칼등으로 성형한다.

08 달걀물을 바른 후 냉장고에서 휴지시킨다.

09 달걀물을 다시 바른 후 가운데에 구멍을 낸다.

10 칼등을 이용하여 사진과 같이 모양을 낸 다음 200℃로 예열한 오븐에 넣고 20분 정도 구운 후 180℃로 내려 약 30분간 색을 봐가며 굽는다. 이때 중간에 철판을 180° 회전해 굽는다.

11 오븐에서 나오면 뜨거울 때 바로 시럽을 발라 윤기를 낸다.

* 시럽은 물과 설탕을 함께 넣고 끓여서 식혀 사용한다.

Tip 굽는 동안 너무 많이 부풀면, 그릴망을 파이 위에 얹어 부푸는 것을 방지한다.

Millefeuille

밀푀유

밀푀유란 '천겹의 잎사귀'라는 뜻이다. 바삭바삭한 파이 사이에
진하고 부드러운 크림이 가득한 이 파이는 19세기 말 프랑스에서 시작되었다고 한다.

필요한 도구

벤치믹서, 깨끗한 천,
일회용 비닐 봉투, 밀대, 광목,
과도, 철판, 포크, 데프론시트,
그릴망, 톱날칼, 1㎝ 원형깍지,
짤주머니

재료

[4×9㎝ 약 12개 분량]

□ 강력분	250g
□ 박력분	250g
□ 소금	12.5g
□ 설탕	10g
□ 차가운 물	113g
□ 차가운 우유	113g
□ 녹인 버터	50g
□ 버터	400g

크렘 파티시에

□ 노른자	138g
□ 설탕	138g
□ 우유	470g
□ 바닐라 빈	1개
□ 버터	16g
□ 박력분	48g

크렘 샹티이

□ 생크림	235g
□ 설탕	17g
□ 트레할로스	8g

크렘 디플로마트

□ 크렘 파티시에	800g
□ 크렘 샹티이	115g

보관 방법

냉장고에서 1일 정도 보관

밀푀유

01 믹서에 체 친 강력분, 박력분, 소금, 설탕을 넣고 비터로 돌린 다음 물과 우유 섞은 것, 녹인 버터를 번갈아 가며 넣고 천천히 돌려가며 한 덩어리로 가볍게 뭉쳐준다.

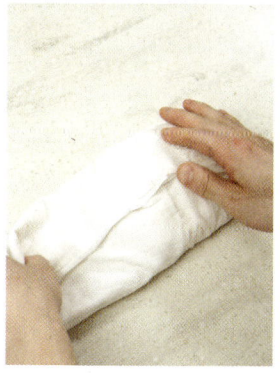

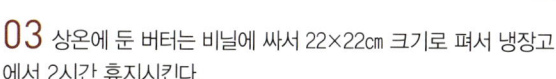

02 물기를 짠 젖은 천으로 반죽을 싸놓는다.

03 상온에 둔 버터는 비닐에 싸서 22×22㎝ 크기로 펴서 냉장고에서 2시간 휴지시킨다.

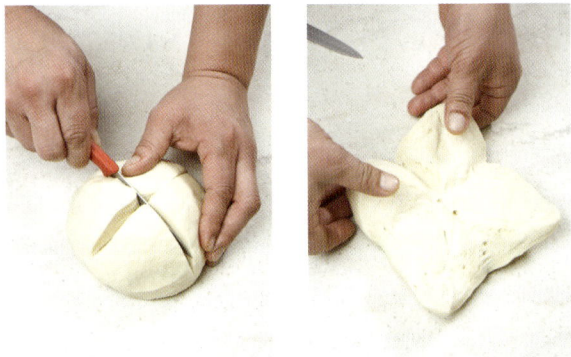

04 2의 반죽에 칼로 십자 모양을 낸 다음 펼쳐준다.

05 4의 반죽을 30×50㎝ 크기로 밀고 그 위에 3을 얹어 반죽으로 위아래를 덮고 방향을 틀어 다시 위아래를 접어 밀착시킨다. 잠시 냉장고에서 휴지시킨다.

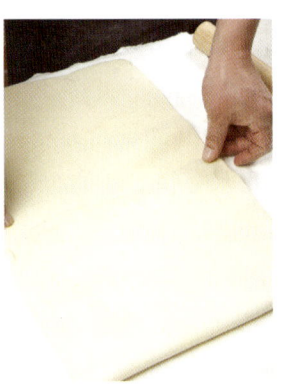

07 3절 접기를 한다(반죽을 삼등분으로 접는다). 가장자리 이음 부분을 밀대로 꾹 눌러준 다음 2시간 동안 냉장고에서 휴지시킨다.

06 밀대로 내려치고 가운데를 중심으로 위아래로 밀어준다. 뒤집을 경우 파이 반죽을 밀대에 돌돌 말아서 뒤집어줘야 반죽이 늘어나지 않게 뒤집을 수 있다. 불필요한 덧가루는 붓으로 털어준다.

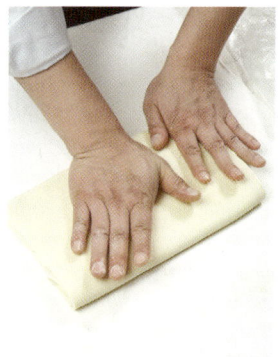

08 냉장고에서 반죽을 꺼내어 밀어 편 다음 4절 접기(반죽의 1/3이 되는 지점에서 맞물리도록 접어준 뒤, 다시 반으로 접는다)를 하고 다시 냉장고에서 2시간 휴지시킨다. 3절 접기와 4절 접기를 두 번씩 번갈아가며, 총 여섯 번 접는다.

09 넓이 25×60㎝, 두께 3㎜로 밀어편 뒤 반죽을 당기는 작업을 한다. 이렇게 하면 구웠을 때 파이가 줄어들지 않는다.

10 피케를 한다.

* 포크를 사용해도 좋다.

11 철판에 올린 뒤 설탕(분량 외)을 윗면에 뿌린다.

12 200℃ 오븐에서 10분간 굽는다. 색이 고루 나게 철판을 옆으로 돌려 10분 더 구워준다.

13 철판을 파이 위에 올려 불균형하게 부풀지 않도록 한 뒤 10분간 더 구워준다. 철판을 빼고 5분 정도 더 굽는다.

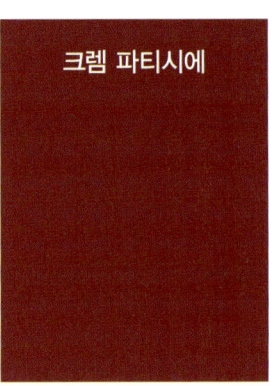

크렘 파티시에

14 오븐을 180℃로 내린 뒤 파이를 꺼내서 아랫면이 위를 향하게 뒤집는다. 5분 정도 색이 날 정도로만 굽는다.

15 슈거파우더(분량 외)를 고르게 뿌린 후 다시 오븐에 넣어 슈거파우더가 녹아서 캐러멜화 될 정도로만 구워준다. (약 5분)

16 오븐에서 꺼낸 파이를 그릴망 위에 올려 식힌다.

01 바닐라 빈을 세로로 갈라 뒤집어 벌린 뒤 칼등으로 바닐라 빈 속의 씨만 발라낸다. 냄비에 우유와 바닐라 빈 껍질과 씨, 그리고 설탕의 1/5 정도를 넣고 끓인다. 끓기 시작하면 불을 끈다.

02 노른자에 나머지 설탕을 넣고 거품기로 재빨리 저으며 반죽이 하얗게 될 때까지 섞는다.

03 체 친 박력분을 2에 넣고 천천히 거품기로 섞은 후 1을 넣고 섞는다.

04 3을 체에 거른 뒤 다시 가열하며 계속해서 거품기로 저어준다. 바닐라 빈 껍질은 제거한다.

05 처음엔 무겁고 되직한 반죽이 되다가 그 시간이 지나면 급격히 묽고 윤기 나는 반죽이 된다. 무겁고 되직한 반죽에서 주르륵 흐르고 윤기가 나는 상태가 되면 버터를 넣고 섞는다.

06 알코올로 소독한 볼 또는 용기에 크렘 파티시에를 넣고 마르지 않도록 랩핑한 후 얼음물에 놓고 차게 식힌다. 식으면 냉장 보관한다.

* 크렘 파티시에는 적은 양은 만들 수 없으므로 일부분만 사용하고 나머지를 버리더라도 양을 너무 적게 하지 않는 것이 좋다.

크렘 샹티이

01 생크림에 설탕을 넣고 거품을 내 크렘 샹티이를 만든다.

몽타주

01 가볍게 푼 크렘 파티시에에 크렘 샹티이 1/3을 먼저 넣고 실리콘주걱으로 자르듯이 섞은 다음 나머지 크림도 다 넣어 크렘 디플로마트를 만든다.

02 밀푀유를 4×9㎝ 크기로 자른다.

03 1㎝ 원형깍지를 끼운 짤주머니에 크렘 디플로마트를 채워 크림을 짠 후 샌드한다.

Gâteau chiffon au thé earl grey

얼그레이 시폰

특별히 더 쫀득한 식감을 얻기 위해 강력분을 넣은 시폰케이크이다.
한 입 베어 물면 사그라지면서 쫀득한 식감과 잔향이 남는다.

필요한 도구

체, 핸드믹서, 거품기, 실리콘주걱,
비중컵, 18㎝ 틀 2개, 긴 칼

재료

[18㎝ 틀 2개 분량]

▢ 얼그레이 잎	14g
▢ 차가운 물	20g
▢ 우유	136g
▢ 노른자	108g
▢ 설탕A	60g
▢ 소금	2g
▢ 포도씨오일	136g
▢ 강력분	74g
▢ 박력분(아트레제)	74g
▢ 베이킹파우더	2g
▢ 흰자	270g
▢ C300	2g
▢ 설탕B	88g
▢ 얼그레이 파우더	2g

보관 방법

상온에서 5일까지 보관

얼그레이 잎 우리기

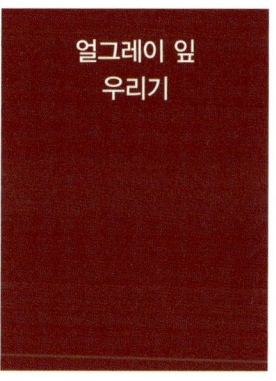

01 얼그레이 티백 혹은 잎에 차가운 물을 붓고 하룻밤 적셔둔다.

02 사용 전에 끓인 우유를 붓고 랩을 씌워 10분간 우려낸 후, 체에 눌러 걸러준다.

얼그레이 시폰

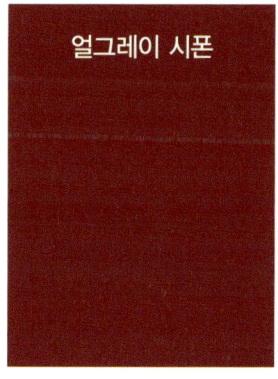

01 볼에 노른자, 설탕A, 소금을 넣고 거품을 낸다.

02 55℃까지 데운 포도씨오일을 1에 2회에 나눠 부으며 거품기로 섞는다.

* 너무 뜨거울 경우 달걀이 익을 수 있으니 주의한다.

03 미리 준비해둔 얼그레이 우린 우유를 2에 반만 넣어 섞는다.

04 함께 체 친 가루류를 3에 넣고 골고루 섞은 다음 남은 얼그레이 우린 우유를 넣고 거품기로 다시 섞는다.

05 흰자에 C300을 넣은 뒤 설탕B를 2~3회 나누어 넣고 머랭을 만든다.

06 4에 머랭 1/3을 넣고 실리콘주걱으로 섞는다.

07 나머지 머랭도 다 넣고 섞은 후, 비중 40g이 되도록 한다.

08 곱게 간 얼그레이 잎을 넣고 가볍게 섞는다.

10 오븐에서 나오면 가라앉지 않도록 바로 엎어서 완전히 식힌 후, 좁고 긴 칼로 케이크를 틀에서 긁듯이 조심스럽게 분리한다.

09 시폰 틀에 반죽을 붓고 큰 기포가 없도록 주걱으로 한 번 구석구석 훑어준다. 철판에 틀을 올린 뒤 170℃ 오븐에서 40∼50분 간 굽는다.

11 밑부분도 같은 방법으로 칼을 집어넣어 케이크를 빼낸다.

Tip 틀에 스프레이로 물을 뿌리는 것에 대해

다쿠아즈는 굽기 전에 반죽을 틀에서 쉽게 빼내기 위해 스테인리스 재질의 틀에 스프레이로 물을 뿌리고 반죽을 짜 넣는다. 그러나 시폰의 경우는 꺼지기 쉬운 가벼운 반죽이라 스테인리스 재질의 벽면을 타고 올라가야 잘 부풀기 때문에 물을 뿌리지 않는 것이 좋다.

Gâteau chiffon au chocolat

초콜릿 시폰

가볍고 부드러워 남녀노소 모두가 좋아하는 케이크이다.
생크림을 얹지 않고도 충분히 맛있는 시폰케이크를 만들 수 있다.

필요한 도구

실리콘주걱, 밀대,
유산지, 셀로판지,
L자 팔레트나이프, 핸드믹서,
거품기, 18㎝ 틀 2개, 긴 칼

재료

[18㎝ 틀 2개 분량]

□ 65% 다크초콜릿	50g
□ 플뢰르 드 셀A	1g
□ 우유	128g
□ 바닐라 빈	2/3개
□ 노른자	102g
□ 설탕A	60g
□ 플뢰르 드 셀B	2g
□ 55% 다크초콜릿	64g
□ 포도씨오일	128g
□ 강력분	68g
□ 박력분(아트레제)	68g
□ 베이킹파우더	4g
□ 흰자	256g
□ C300	4g
□ 설탕B	90g
□ 럼	12g

보관 방법

상온에서 5일까지 보관

초콜릿 시폰

01 65% 다크초콜릿을 전자 레인지에 녹인다.

02 플뢰르 드 셀A는 유산 지로 덮은 뒤 밀대로 밀어 부 순다.

03 1에 2를 넣고 섞은 다음 셀로판지에 얇게 편 후 식혀 굳 히고, 쓰기 직전 잘게 부순다.

04 우유에 바닐라 빈 씨와 껍 질을 넣고 55℃로 데운다.

05 볼에 노른자, 설탕A, 플뢰 르 드 셀B를 넣고 거품을 낸다.

06 55℃까지 데운 포도씨 오일과 녹인 55% 다크초콜릿을 5에 2회에 나눠 부으며 거품기로 섞는다.

07 바닐라 빈 우린 우유를 체에 거른 후, 1/2을 6에 넣고 거품기로 섞는다.

08 2회 체 친 강력분과 박력분, 베이킹파우더를 넣고 섞은 후, 남은 우유를 모두 넣고 거품기로 가볍게 섞는다.

09 흰자에 C300을 넣고 설탕B를 3회에 나누어 넣어가며 머랭을 만든다.

10 8에 머랭을 1/3만 넣고 한 번 섞은 뒤 나머지를 넣고 가볍게 섞는다.

11 잘게 부순 초콜릿과 럼을 넣고 가볍게 섞는다.

* 초콜릿은 케이크 1개당 15g 정도 사용한다.

12 시폰 틀에 붓고 큰 기포가 없도록 실리콘주걱으로 한 번 구석구석 훑어준다. 170℃ 오븐에서 40~50분간 굽는다.

13 구운 후 틀을 엎어 식힌다. 완전히 식으면 좁고 긴 칼로 케이크를 틀에서 조심스럽게 분리해낸다.

메이플 롤케이크 Gâteau roulé au sirop d'érable

크림과 비스퀴 모두에서 메이플 향이 은은하게 퍼지는 롤케이크이다.

필요한 도구

핸드믹서, 실리콘주걱, 비중컵,
노루지, L자 팔레트나이프,
53X37㎝ 롤 철판 1장, 메탈바, 칼

재료

[15cm 롤 총 3개 분량]

비스퀴

□ 노른자	208g
□ 메이플 슈거A	52g
□ 흰자	247g
□ C300	2g
□ 메이플 슈거B	117g
□ 박력분(아트레제)	114g
□ 우유	58g
□ 녹인 버터	26g

메이플 크림

□ 생크림	400g
□ 메이플 슈거	32g
□ 트레할로스	15g

보관 방법

냉장고에서 3일 정도 보관

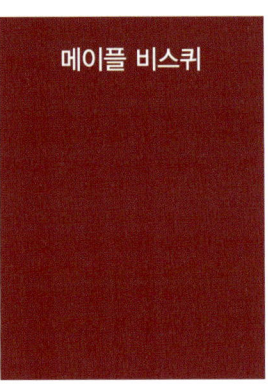 메이플 비스퀴

01 볼에 노른자와 메이플 슈거A를 넣고 거품을 낸다.

02 볼에 흰자와 C300을 넣고 핸드믹서로 섞어 거품이 나면 메이플 슈거B를 3회에 나눠 넣어가며 단단한 머랭을 만든다.

03 1의 볼에 머랭 1/3을 넣고 섞은 다음 체 친 박력분을 넣고 다시 한 번 가볍게 섞는다.

04 남은 머랭을 모두 넣고 섞은 다음 70℃로 데운 우유와 버터를 넣고 섞는다. 비중은 34g 전후가 되도록 한다.

* 무거워서 바닥으로 가라앉을 수 있으니 바닥까지 긁어가며 윤기가 날 때까지 섞는다.

05 철판에 노루지를 깔고 반죽을 부어 L자 팔레트나이프로 평평하게 편 후, 철판을 쳐 기포를 제거하고 170℃로 예열한 오븐에서 12~14분간 굽는다. 다 구워지면 철판을 내리쳐 증기를 빼고 바닥을 제외한 옆면의 노루지는 벗겨낸다.

메이플 크림
&
몽타주

01 생크림에 메이플 슈거와 트레할로스를 섞어 얼음물 위에서 핸드믹서로 거품을 낸다.

Tip 볼이 얼음물에 닿은 경우 바닥의 물이 재료와 섞일 수 있으니 항상 바닥을 닦는다.

02 비스퀴는 노루지를 전부 벗겨내고 비스퀴 안쪽 면이 위를 향하도록 한 다음 크림을 넓게 펴 바른다.

03 메탈바를 노루지 밑에 놓고 반죽과 함께 말아 심지를 만든 후 방향을 바꿔 롤이 몸쪽을 향하게 한다.

04 롤을 몸쪽으로 쭉 당기면서 동그랗게 만다. 노루지로 감싼 롤의 끝 부분을 바닥과 맞물리게 한 뒤 메탈바를 받침대처럼 꾹 눌러 단단하게 마무리한다. 냉장 보관한 후 15㎝ 길이로 자른다.

Gâteau roulé au fromage

프로마주 롤케이크

치즈가 든 비스퀴의 묵직함과 크림의 산뜻함이 조화를 이루는 롤케이크이다.

필요한 도구

핸드믹서, 거품기, 실리콘주걱,
비중컵, L자 팔레트나이프,
노루지, 53X37㎝ 롤 철판 1장,
냄비, 체, 짤주머니,
1.2㎝ 원형깍지, 메탈바, 칼

재료

[15㎝ 롤 총 3개 분량]

비스퀴

□ 노른자	194g
□ 설탕A	24g
□ 꿀	24g
□ 흰자	307g
□ C300	3g
□ 설탕B	153g
□ 크림치즈	160g
□ 우유	56g
□ 박력분(아트레제)	129g

크렘 파티시에
(A 79g, B 40g 사용)

□ 바닐라 빈	1/2개
□ 우유	300㎖
□ 설탕	90g
□ 노른자	90g
□ 박력분	30g
□ 버터	9g

크렘 드 프로마주

□ 크림치즈	79g
□ 크렘 파티시에A	79g
□ 생크림	300g
□ 설탕	24g

보관 방법

냉장고에서 3일 정도 보관

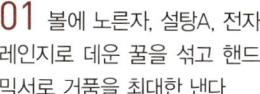
비스퀴

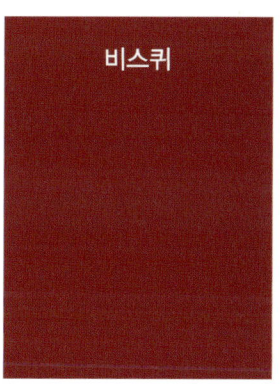

01 볼에 노른자, 설탕A, 전자
레인지로 데운 꿀을 섞고 핸드
믹서로 거품을 최대한 낸다.

* 우유, 꿀, 물엿 등을 데울 때는 손
실량이 클 수 있으므로 냄비보다
는 전자레인지를 사용한다.

02 다른 볼에 흰자와 C300
을 넣고 핸드믹서로 섞어 거품
이 나면 설탕B를 조금씩 넣어
가며 단단한 머랭을 만든다.

03 크림치즈는 뜨거운 우유
를 붓고 풀어 다시 전자레인지
에 넣고 60℃까지 데운다.

* 60℃ 이상 올라가면 크림치즈
의 맛이 변할 수 있으므로 주
의한다.

04 머랭을 만들던 거품기로
머랭의 1/3 분량을 1에 넣고 가
볍게 뒤섞다가 체 친 박력분을
넣고 다시 한 번 섞는다.

* 머랭에 다른 반죽이 섞이게 되
면 금방 거품이 죽기 때문에 항
상 사용하던 거품기로 머랭을
떠주는 것이 좋다.

05 나머지 머랭을 모두 넣
고 실리콘주걱으로 가볍게 섞
은 다음 3의 크림치즈를 넣고
섞는다. 비중은 35g에 맞춘다.

* 만약 크림치즈가 식었다면 다
시 50~60℃로 데워서 사용해
야 한다.

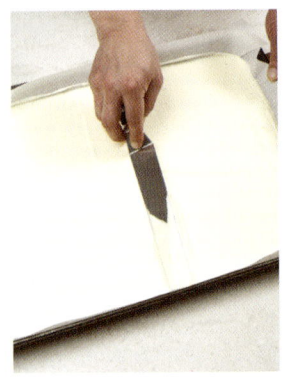

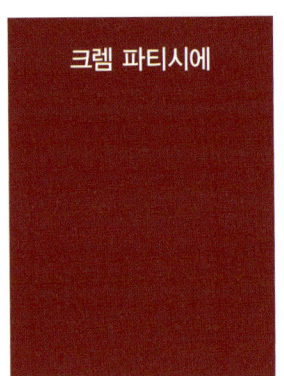

크렘 파티시에

06 철판에 유산지를 깔고 반죽을 부어 L자 팔레트나이프로 평평하게 펴준 다음 철판을 바닥에 내리쳐 기포를 제거한다. 180℃ 오븐에서 15∼17분간 굽는다. 다 구워지면 철판을 바닥에 내리쳐 증기를 빼고 유산지 옆면을 바로 뗀 후 그릴로 옮겨 식힌다.
* **바닥에 내려치는 이유는 순간적으로 증기를 빼서 비스퀴가 식는 동안 가라앉지 않게 하기 위함이다.**

01 바닐라 빈을 세로로 갈라 뒤집어 벌린 뒤 칼등으로 바닐라 빈 속의 씨만 발라낸다. 냄비에 우유와 바닐라 빈 껍질과 씨, 그리고 설탕의 1/5 정도를 넣고 끓인다. 끓기 시작하면 불을 끈다.

02 노른자에 나머지 설탕을 넣고 거품기로 재빨리 저으며 반죽이 하얗게 될 때까지 섞는다.

03 체 친 박력분을 2에 넣고 천천히 거품기로 섞은 후, 1의 끓인 우유를 넣고 섞는다.

04 3을 체에 거른 뒤 다시 가열하며 계속해서 거품기로 저어준다. 바닐라 빈 껍질은 제거한다.

05 처음에 무겁고 되직한 반죽이 되다가 시간이 지나면 급격히 묽고 윤기 나는 반죽이 된다. 무겁고 되직한 반죽에서 주르륵 흐르고 윤기가 나는 상태가 되면 버터를 넣고 섞는다.

06 알코올로 소독한 볼 또는 용기에 크렘 파티시에를 넣고 마르지 않도록 랩을 밀착시켜 덮은 뒤 얼음물에 놓고 차게 식힌다. 냉장 보관한다.
* **크렘 파티시에는 적은 양은 만들 수 없으므로 일부분만 사용하고 나머지를 버리더라도 양을 너무 적게 하지 않는 것이 좋다.**

크렘 드 프로마주
&
몽타주

01 크림치즈는 볼에 넣고 가볍게 푼 후 크렘 파티시에A를 넣고 실리콘주걱으로 섞는다.

02 볼에 생크림과 설탕을 넣은 후 얼음물 위에 놓고 100% 정도 거품을 올린다.

03 1에 2를 1/3 정도 넣고 거품기로 섞는다. 나머지 크림을 넣고 실리콘주걱으로 전체적으로 섞는다.

* 크림이 질어지지 않도록 주의한다.

04 노루지 위에 비스퀴를 안쪽 면이 위로 향하게 놓은 다음 크렘 드 프로마주를 비스퀴 전체에 펴 바른다. 가장자리는 말았을 때 크림이 밀려나올 수 있으므로 살짝 긁어낸다.

05 1.2cm 원형깍지를 끼운 짤주머니에 크렘 파티시에B를 채운 후 1.2cm 두께로 가로로 길게 짠다.

06 메탈바를 노루지 밑에 놓고 반죽과 함께 말아 심지를 만든 후 방향을 몸쪽으로 돌려 쭉 당겨 동그랗게 만든다.

07 노루지로 감싼 롤의 끝 부분을 바닥과 맞물리게 한 뒤 메탈바를 받침대처럼 꾹 눌러 단단하게 마무리한다. 냉장 보관한 후 15cm 길이로 자른다.

Gâteau roulé aux fruits

프루츠 롤케이크

비스퀴를 짜서 모양을 낸 뒤 슈거파우더를 뿌려 색다른 느낌을 준 롤케이크이다.
폭신폭신한 비스퀴와 진한 크림, 그리고 산뜻한 과일이 적절하게 조화를 이룬다.

필요한 도구

거품기, 키친타월, 실리콘주걱,
핸드믹서, 짤주머니, 1.2cm 원형깍지,
53x37cm 롤 철판 1장, 노루지, 체,
1cm 원형깍지, 메탈바, 칼

재료

[15cm 롤 총 3개 분량]

크렘 샹티이

□ 생크림	300g
□ 설탕	24g
□ 트레할로스	11g

크림

□ 꿀	65g
□ 젤라틴	4g
□ 크림치즈	195g
□ 크렘 샹티이	325g

비스퀴

□ 노른자	126g
□ 설탕A	62g
□ 흰자	188g
□ C300	2g
□ 설탕B	127g
□ 바닐라 슈거	5g
□ 박력분	110g
□ 슈거파우더	적당량

과일

□ 딸기	약 9개
□ 바나나	1개
□ 키위	1개
□ 망고	반개

□ 데커레이션 슈거파우더 적당량

보관 방법

냉장고에서 3일 정도 보관

크림

01 볼에 생크림, 설탕, 트레할로스를 넣고 얼음물 위에서 단단하게 거품을 내며 크렘 샹티이를 만든다.

02 꿀을 따뜻하게 데운 후 (60~70℃), 준비해 둔 젤라틴을 넣고 녹인다.

03 볼에 크림치즈를 잘 풀어 준 후 2를 4~5회에 나눠 넣으며 섞는다.

04 크렘 샹티이를 1/3 정도 넣고 거품기로 가볍게 섞는다.

05 나머지 크림을 넣고 섞은 다음, 실리콘주걱으로 바꿔 전체적으로 섞은 후 냉장고에서 2시간 정도 두어 굳힌다.

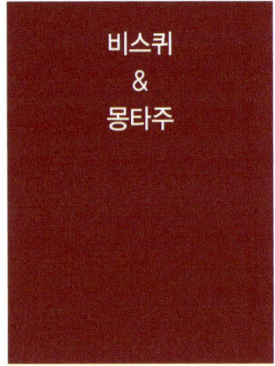

01 볼에 노른자와 설탕A를 넣고 최대한 거품을 낸다.

* 노른자와 설탕이 만나면 덩어리가 생기기 때문에 설탕을 넣자마자 섞는다.

02 볼에 흰자와 C300을 넣고 핸드믹서로 섞어 거품이 나면 설탕B를 조금씩 나눠 넣어가며 단단해질 때까지 휘핑해 머랭을 만든다.

* 설탕을 처음부터 넣으면 거품을 내기 힘들기 때문에, 수분과 단백질이 분리되기 전에 넣는 것이 좋다.

03 1에 2의 머랭 1/3과 바닐라 슈거를 넣고 실리콘주걱으로 가볍게 섞은 다음 2회 체 친 박력분을 섞는다.

04 나머지 머랭을 모두 넣고 한 번 더 섞은 후 1.2㎝ 원형깍지를 끼운 짤주머니에 넣는다.

05 노루지를 깐 철판에 대각선으로 길게 짠다.

* 굽는 과정에서 퍼지기 때문에 짤 때는 사이사이 간격을 살짝 두고 짠다.

* 두껍게 짜면 반죽이 모자랄 수 있으니 주의한다.

06 슈거파우더(분량 외)를 뿌리고 180℃로 예열한 오븐에서 12분간 굽는다. 남는 반죽은 작게 짜서 핑거비스킷으로 사용해도 된다.

07 비스퀴 안쪽 면이 위를 향하도록 놓은 후 크림을 1/2 정도 엎어 펴 바른다.

08 남은 크림은 1㎝ 원형깍지를 끼운 짤주머니에 담아 끝부분에 3줄을 짜고 그 안쪽으로 과일들을 얹는다.

* 딸기는 세로로 길게 반 자르고, 바나나는 가로로 3등분, 길게 4등분한다. 키위는 꼭지 둘레에 칼집을 낸 뒤 돌려서 떼어낸 다음 세로로 8등분한다. 망고 반 개는 세로로 1.5㎝ 두께로 자른다.

09 얹은 과일들 위에 나머지 크림을 짠다.

10 심지를 만들듯이 조금 굴린 후 나머지도 굴려 말아준다.

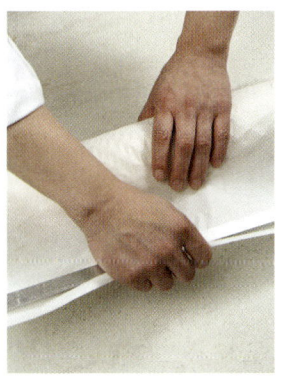

11 끝은 메탈바로 눌러 단단히 고정시키고 냉장고에서 보관한다.

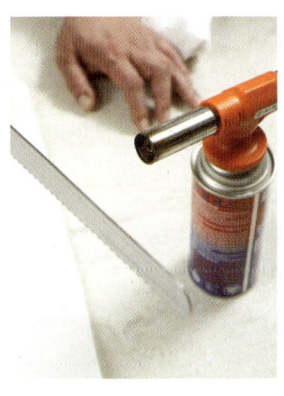

12 커팅 시에는 칼을 토치에 살짝 그을려 사용하면 깨끗이 자를 수 있다. 15㎝ 길이로 자른다.

13 데커레이션 슈거파우더를 뿌리고 완성한다.

Shortcake aux fraises

생크림 케이크

생크림에 마스카르포네 치즈를 넣어 일반 생크림 케이크보다 훨씬 진한 맛을 느낄 수 있다.
원하는 생크림을 쉽게 구할 수 없어 생각해낸 방법이다.

필요한 도구

냄비, 거품기, 핸드믹서,
비중컵, 일자 팔레트나이프,
15㎝ 제누아즈 틀 1개, 유산지
(15㎝ 바닥에 맞는 원형, 테두리에
두를 띠형, 제누아즈 틀보다 1㎝
높을 것), 그릴망, 톱니칼,
메탈바 2개, 알코올, 키친타월,
붓, 돌림판

재료 [지름 15㎝ 케이크 1개 분량]

시럽

□ 물	33g
□ 설탕	28g
□ 키르슈	7g

제누아즈(1호 틀 2개 분량)

□ 달걀	216g
□ 설탕	125g
□ 꿀	12g
□ 물엿	12g
□ 박력분(아트레제)	125g
□ 버터	16g
□ 우유	29g

샌드용 크림

□ 생크림	150g
□ 마스카르포네 치즈	60g
□ 설탕	12g
□ 트레할로스	6g
□ 연유	7g

크렘 샹티이(아이싱용)

□ 생크림	400g
□ 설탕	32g
□ 트레할로스	15g
□ 딸기(장식용 제외)	6개
□ 라즈베리 리큐르	적당량

보관 방법

냉장고에서 3~4일 보관

시럽

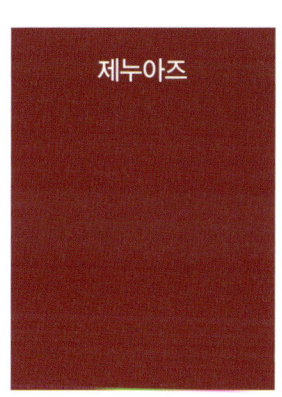
제누아즈

01 냄비에 물과 설탕을 넣고 끓인 후 충분히 식힌 다음 키르슈를 넣고 섞어 제누아즈에 바를 시럽을 미리 만든다.

01 볼에 달걀을 풀고 설탕을 넣은 후 거품기로 저어가며 중탕에서 데운다.

* 거품기로 젓지 않으면 벽면에 닿은 달걀이 익으니 주의한다.

02 핸드믹서로 섞다 거품이 살짝 올라오면 55℃로 데운 꿀과 물엿을 넣고 계속해서 거품을 낸다. 비중을 24g으로 맞춘다.

03 2회 체 친 박력분을 넣고 아래에서 위로 섞는다.

* 아래에서 위로 반죽을 떠 올리듯이 거품기로 섞으면 더 수월하게 섞을 수 있다.

04 70℃로 데운 버터와 우유를 넣고 섞는다. 비중이 42g이 되면 완성된 것이다.

05 케이크 노루지를 넣어 준비한 원형 틀에 반죽을 붓고 팔레트나이프로 윗면을 저은 후 바닥에 쳐서 숨은 기포를 뺀다. 170℃ 오븐에서 30분간 굽는다.

* 균일한 스폰지가 나오게끔 하기 위한 작업이다.

06 오븐에서 꺼내자마자 바닥에 쳐서 증기를 뺀 다음 틀에서 빼 그릴망에 뒤집어 완전히 식힌다.

* 구워져 나온 제누아즈는 바닥으로 갈수록 반죽이 무거운데, 식으면서 반죽이 가라앉아 아래쪽 반죽이 더 뭉치게 되는 것을 방지하기 위함이다.

07 완전히 식으면 메탈바를 아래위에 두고 1.5㎝ 두께로 3장이 나오게 썬 뒤 맨 윗면을 다듬어준다.

08 제누아즈 제일 위부터 아래로 1, 2, 3 순서를 구분해둔다.

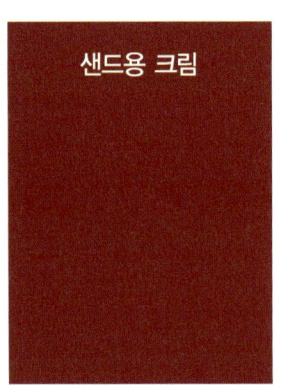

샌드용 크림

01 볼에 생크림, 마스카르포네 치즈, 설탕, 트레할로스를 넣고 얼음물에 받쳐서 핸드믹서로 거품을 낸다.

02 80% 정도 거품이 올라오면 연유를 넣고 거품기로 거품을 낸다. 부드러운 상태가 되면 냉장 보관한다.

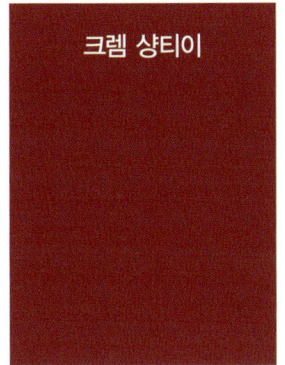

크렘 샹티이

01 볼에 생크림, 설탕, 트레할로스를 넣고 얼음물에 받쳐 핸드믹서로 거품을 낸다.

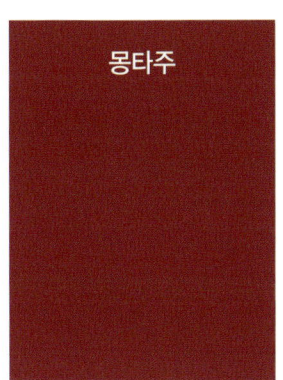

몽타주

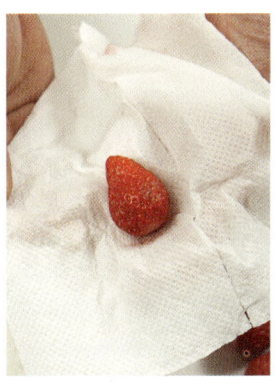

01 꼭지를 딴 딸기는 알코올을 뿌려 키친타월로 살살 닦는다.

02 세로 0.5㎝ 두께로 썬 다음, 라즈베리 리큐르를 조금넣고 마리네이드한다.

03 2번 제누아즈에 시럽을 발라 맨 밑에 깔고 샌드용 크림을 살짝 바른다. 마리네이드한 딸기를 얹고 다시 샌드용 크림을 바른다.

04 1번 제누아즈에도 시럽을 발라 2번 위에 올리고 다시 과정을 반복한다.

05 3번 제누아즈를 얹고 시럽을 바른다.

* 제누아즈의 부위마다 거품의 형태가 다르므로 케이크의 형태를 잘 잡기 위해서 가장 단단한 3번 제누아즈를 위에, 가장 부드러운 1번 제누아즈를 가운데 올린다.

06 남는 샌드용 크림으로 옆면에 구멍난 부분을 메우고 가볍게 아이싱한다. 랩에 싸서 하룻밤 냉장고에 넣어두면 제누아즈가 더욱 촉촉해져 맛이 좋다.

07 돌림판 위에 케이크를 올린 뒤 크렘 샹티이를 제누아즈 위에 올린다. 팔레트나이프를 양 옆으로 짧게 움직여가며 윗면에 얇게 한 바퀴 돌려가며 바른다.

08 윗면을 깨끗하게 정리한다.

09 옆면에 크렘 샹티이를 묻힌 뒤 팔레트나이프를 직각으로 세워 발라준다.

Tip 볼스크래퍼를 사용하면 더 편하게 작업할 수 있다.

10 옆면을 정리한 뒤 위로 튀어나온 크렘 샹티이를 팔레트나이프로 떠올리듯이 4회 정도 정리한다.

* 크렘 샹티이는 적게 만질수록 좋다.

11 기호에 맞는 과일을 얹어 장식한다.

Bavarois au mascarpone

바바로와 마스카르포네

마스카르포네 치즈가 주는 고소한 풍미를 베리가 새콤하게 마무리해준다.
무스는 특성상 어렵지는 않으나 시간이 제법 걸리는 제품이다.

필요한 도구

지름 13㎝·높이 5㎝ 무스 링,
지름 15㎝·높이 5㎝ 무스 링,
1.2㎝ 원형깍지, 짤주머니, 체, 철판,
데프론시트, 냄비, 벤치믹서,
거품기, 실리콘주걱, 일회용 비닐,
일자 팔레트나이프, 토치

재료

[15㎝ 케이크 2개 분량]

즐레 루즈

□ 라즈베리 퓌레	98g
□ 딸기 퓌레	98g
□ 설탕	24g
□ 레몬즙	11g
□ 젤라틴	4.5g
□ 레드커런트	약 30개

아몬드 다쿠아즈

□ 흰자	102g
□ C300	1g
□ 설탕	60g
□ 박력분	18g
□ 아몬드 파우더	60g
□ 슈거파우더	81g

스트로이젤 누아제트

□ 버터	75g
□ 슈거파우더	75g
□ 박력분	75g
□ 헤이즐넛 파우더	75g

크렘 마스카르포네

□ 설탕	86g
□ 물	25g
□ 노른자	46g
□ 달걀	35g
□ 젤라틴	5g
□ 키르슈	10g
□ 마스카르포네 치즈	287g
□ 생크림	143g
□ 오렌지	1개
□ 물	100g
□ 설탕	45g
□ 핑크색 색소	소량
□ 레몬	1개
□ 물	100g
□ 설탕	45g
□ 미로와	적당량

보관 방법

냉장고에서 3~4일 보관

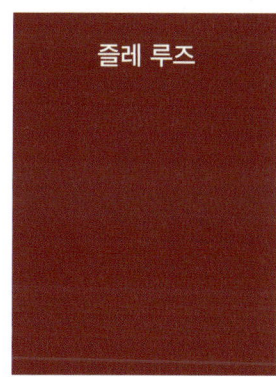

즐레 루즈

01 볼에 라즈베리 퓌레, 딸기 퓌레, 설탕, 레몬즙을 넣고 전자레인지에서 60℃까지 데운다.

02 차가운 물에 불려둔 젤라틴은 수분을 제거한 후 1에 넣고 거품기로 섞어 녹인다.

03 체에 거른 다음 얼음물 위에서 가볍게 식힌다.

04 지름 13㎝ 틀을 랩으로 감싼 후 3을 붓고 레드커런트를 뿌려 냉동한다.

아몬드 다쿠아즈

01 흰자에 C300을 넣고 돌리다 거품이 올라오면 설탕을 3회에 나눠 넣고 머랭을 만든다.

02 1에 체 친 박력분, 아몬드 파우더, 슈거파우더를 넣고 섞는다.

03 1.2㎝ 원형깍지를 끼운 짤주머니에 반죽을 넣고 지름 12㎝의 원형으로 짠다.

04 슈거파우더(분량 외)를 두 번 뿌린 후 170℃ 오븐에서 15~20분간 굽는다.

스트로이젤 누아제트

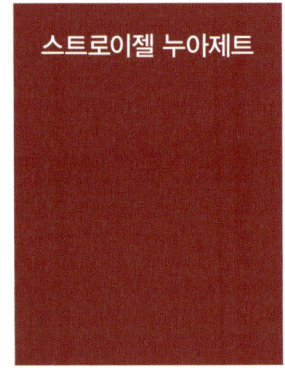

01 상온의 버터를 거품기로 부드럽게 푼 후 슈거파우더를 넣고 실리콘주걱으로 섞는다.

02 체 친 박력분과 헤이즐 넛 파우더를 넣고 실리콘주걱 으로 섞는다.

03 한 덩어리로 만든 뒤 비 닐로 싸서 7mm 두께로 밀어준 뒤 냉장고에서 휴지시킨다.

04 3을 7×7mm 크기로 자른 후 손 위에 올려 모서리를 살 짝 뭉그러뜨려 자연스럽게 만 든 후 120g씩 지름 15cm 틀에 깔아 170℃ 오븐에서 굽는다.

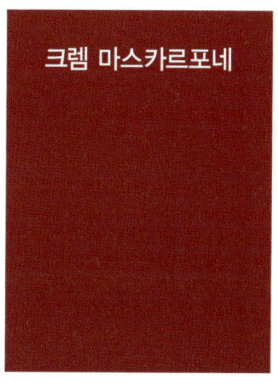

크렘 마스카르포네

* 무스 양을 적게 할 경우에도 크 림을 충분히 만들어야 완성도 가 높다.

01 냄비에 설탕과 물을 넣고 118℃까지 끓인다.

02 시럽이 끓기 시작하면, 달 걀과 노른자를 믹싱볼에 넣고 거품을 낸 다음 천천히 1의 시 럽을 붓고 30℃가 될 때까지 거 품기를 돌려가며 식힌다.

03 불린 젤라틴에 키르슈를 넣고 전자레인지에서 녹인다. 덩 어리지기 쉬우니 잘 섞어준다.

04 부드럽게 풀어준 마스카 르포네 치즈에 2를 1/2 넣고 거 품기로 섞은 후, 3을 넣고 섞 는다.

05 80% 정도 거품 낸 생크림을 넣고 섞은 후 나머지 2를 넣고 섞는다.

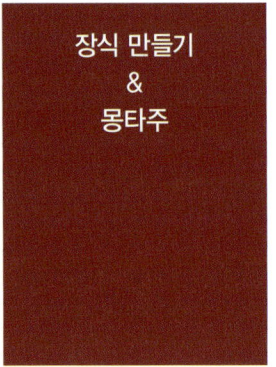

장식 만들기 & 몽타주

01 오렌지 껍질을 채 썰어 물, 설탕에 넣고 핑크색 색소를 조금 넣은 후 살짝 끓인다.

02 레몬 껍질을 채 썰어 물, 설탕이 담긴 냄비에 넣고 살짝 끓인다.

03 5분 정도 약하게 끓인 뒤 식혀서 1과 2를 건져낸 다음 키친타월로 물기를 제거한다.

04 장식용 오렌지와 레몬을 뿌려준 후 크렘 마스카르포네를 지름 15㎝ 틀의 2/3까지 채운다.

05 냉동한 즐레 루즈를 1 가운데에 밀어 넣는다.

06 크렘 마스카르포네를 틀의 거의 윗부분까지 넣고 다쿠아즈를 올린 뒤 평평하게 눌러준다.

07 남은 크렘 마스카르포네를 바른 뒤 구운 스트로이젤을 뒤집어 넣고 냉동한다.

08 냉동고에서 꺼내 스트로이젤 부분이 바닥을 향하도록 놓은 뒤 팔레트나이프로 미로와를 윗면에 바른다.

09 원형 용기 위에 올려 무스 링과 무스가 쉽게 분리되도록 무스 링 옆면을 토치로 가볍게 데운다. 무스 링을 아래로 밀어 무스를 틀에서 꺼낸다.

Tip 단면도

Mousse au thé earl grey

얼그레이 초콜릿 무스

홍차의 향과 진하지만 무겁지 않은 초콜릿 무스로 맛을 내 부담스럽지 않게
즐길 수 있는 무스케이크이다.

필요한 도구

벤치믹서, 실리콘주걱,
지름 15cm · 높이 5cm 무스 링,
1.5cm 원형깍지, 짤주머니, 체,
거품기, 지름 12cm · 높이 5cm 무스 링,
데프론시트, 철판, 바믹서, 종이포일,
토치, 국자, L자 팔레트나이프

재료
[15cm 케이크 2개 분량]

크렘 드 시트롱

□ 달걀	48g
□ 설탕	39g
□ 물	14g
□ 레몬즙	24g
□ 레몬 제스트	1/2개 분량
□ 젤라틴	0.8g
(여름에는 양을 2배까지	
늘려도 좋다)	
□ 버터	24g

아몬드 다쿠아즈

□ 흰자	102g
□ C300	1g
□ 설탕	60g
□ 박력분	18g
□ 아몬드 파우더	60g
□ 슈거파우더	81g

쇼콜라 오 레

□ 얼그레이 잎	8g
□ 물	11g
□ 우유	44g
□ 생크림	44g
□ 노른자	17g
□ 설탕	8g
□ 젤라틴	3g
□ 밀크초콜릿	121g

휘앙틴 프랄리네

□ 밀크초콜릿	12g
□ 프랄린	20g
□ 휘앙틴 *	20g

글라사주

□ 생크림	50g
□ 젤라틴	2g
□ 다크초콜릿	40g
□ 프랄린	57g
□ 미로와	115g
□ 물	30g
□ 다크초콜릿	100g 정도
□ 생크림	172g
□ 레몬콩피	50g

보관 방법
냉장고에서 약 2일 보관

* **휘앙틴** Feuilletine
바삭한 식감을 주는 얇은 플레이
크 형태의 과자

01 달걀에 설탕을 넣고 거품
기로 섞은 다음 물과 레몬즙을
넣고 다시 섞는다.

02 체에 친 뒤 레몬 제스트
를 넣는다.

03 전자레인지에 넣고 약 60
초씩 돌리고 젓는 걸 반복하며
끓을 때까지 데운다.

04 얼음물에서 불려 물기를 제거한 젤라틴을 넣고 섞은 뒤, 얼음물 위에서 35℃까지 식힌다.

05 상온에 두어 말랑해진 버터를 넣고 거품기로 섞는다.

* 양이 많을 경우엔 바믹서로 섞는다. 매끈한 무스를 위해 공기가 들어가지 않도록 주의한다.

06 랩으로 바닥을 감싼 12㎝ 무스 링에 부은 뒤 반나절 이상 냉동한다.

아몬드 다쿠아즈

01 흰자에 C300을 넣고 돌리다 거품이 올라오면 설탕을 3회에 나눠 넣으며 머랭을 만든다.

02 볼에 옮긴 뒤, 체 친 박력분, 아몬드 파우더, 슈거파우더를 3회에 나눠 넣으며 실리콘 주걱으로 살살 섞는다.

03 강력분을 묻힌 15㎝ 무스 링으로 데프론시트에 모양을 내고 1.5㎝ 원형깍지를 끼운 짤주머니에 2를 넣고 중심에서부터 나선형으로 짠다.

쇼콜라 오 레

01 차가운 물에 반나절 동안 불린 얼그레이 잎에 뜨거운 우유와 생크림을 붓고 랩을 씌워 10분간 우려낸다.

04 슈거파우더(분량 외)를 뿌린 다음 170℃ 오븐에서 15~20분간 굽는다. 오븐에서 꺼내 데프론시트째로 그릴에 올려 식힌 다음 식은 다쿠아즈를 15㎝ 무스 링 크기에 맞게 잘라준다.

02 노른자는 설탕을 넣고 거품기로 녹을 때까지 저어준다.

03 1은 꾹 눌러 체에 거른 후 2에 넣고 전자레인지로 짧게 돌려가며 거품기로 저어 80℃가 될 때까지 데워준다.

04 3이 어느 정도 걸쭉해지면 얼음물에 불려 물기를 제거한 젤라틴을 넣고 섞은 뒤 체친다.

05 녹인 밀크초콜릿을 넣고 얼음물 위에서 약 30초 정도 식혀서 35℃ 정도로 만든다.

* 너무 식히게 되면 반죽이 볼에 응고되어 붙어버리니 주의한다.

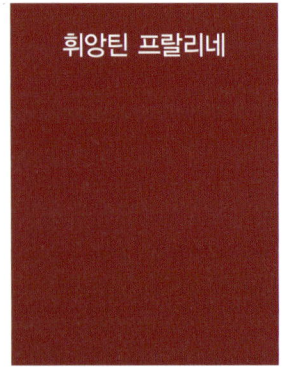

휘앙틴 프랄리네

01 밀크초콜릿을 전자레인지에 녹인 다음 프랄린을 넣고 섞는다.

02 휘앙틴을 넣고 가볍게 섞는다.

글라사주

01 차가운 물에 불려 물기를 제거한 젤라틴을 끓인 생크림에 넣어 녹인다.

02 다크초콜릿에 1을 넣고 녹인다.

03 프랄린을 넣고 섞은 뒤 미로와, 물을 넣고 바믹서로 섞는다. 공기가 들어가면 완성된 무스에 기포가 보이게 되므로 주의한다.

04 체 친 다음 약 30℃가 되도록 식혀준다.

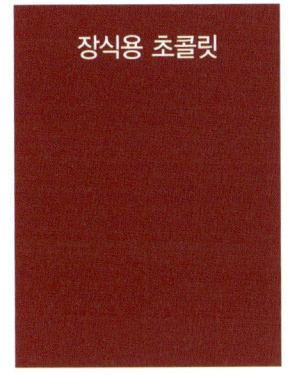
장식용 초콜릿

01 초콜릿은 전자레인지에 녹인 뒤 짤주머니에 넣는다.

02 길게 자른 종이포일에 2㎝ 정도 크기의 원으로 띄엄띄엄 짠다.

03 다른 종이포일을 위에 덮고 아크릴로 가볍게 누른 뒤 떼어낸다.

04 초콜릿이 굳지 않았기 때문에 떼어내면서 꼭지 부분이 길게 빠져 나오게 된다.

* 종이포일이나 빳빳한 비닐을 사용해야 쉽게 떨어진다.

05 굳히는 동안 휘지 않도록 무거운 판을 얹어 냉장고에 넣어둔다.

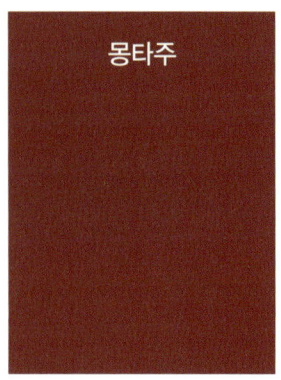

01 준비된 쇼콜라 오 레에 70% 거품 낸 생크림을 1/3 넣고 섞은 후 나머지 생크림도 넣고 섞는다.

02 바닥에 랩을 평평하게 씌운 지름 15㎝의 무스 링에 1을 약 2/3 정도까지 채운다.

03 무스의 옆면에도 틈이 생기지 않게 꼼꼼히 쇼콜라 오 레를 발라준다.

04 얼려둔 크렘 드 시트롱을 기울어지지 않게 조심해서 2의 가운데에 넣고 꾹 눌러준다.

05 나머지 쇼콜라 오 레를 그 위에 부은 다음 다진 레몬콩피를 뿌린다.

06 구워 식혀 두었던 다쿠아즈 윗면에 휘앙틴 프랄리네를 얇게 바른다.

08 냉동고에서 꺼낸 7을 다 쿠아즈가 바닥에 오도록 뒤집어 원형 용기 위에 올린다. 무스 링 옆면을 토치로 가볍게 데워 무스 링과 무스가 분리되기 쉽도록 한다. 무스 링을 아래로 밀어 무스를 틀에서 꺼낸다.

07 6을 뒤집어서(휘앙틴 프랄리네가 아래로 향하게) 5 위에 얹은 뒤 평평하게 눌러준 다음 냉동고에 넣어 그대로 얼린다.

10 팔레트나이프로 가볍게 다듬어 고루 씌워준다. 글라사주가 모자랄 경우, 체 밑에 놓은 볼에 고인 글라사주를 사용한다.

11 준비해둔 장식용 초콜릿을 옆면에 붙인다.

09 무스를 볼에 덧댄 체 위에 올린 뒤 30℃의 글라사주를 붓는다.

* 30℃로 유지가 되어야 글라사주가 두껍지도 얇지도 않게 씌워진다.

Gâteau au fromage "Haru"

행복한 하루 치즈케이크

아들의 이름을 따서 만든 '하루'이다. 사랑하는 사람을 떠올리며 만든
케이크인 만큼 그 마음이 전해질 것이다.

필요한 도구

실리콘주걱, 볼스크래퍼,
데프론시트, 철판, 푸드프로세서,
거품기, 체, 팔레트나이프
지름 15cm·높이 5cm 무스 링,
18cm 제누아즈 틀, 종이포일

재료

[15cm 무스 링 1개 분량]

스트로이젤

□ 버터	200g
□ 설탕	100g
□ 마스코바도 설탕	100g
□ 아몬드 파우더	200g
□ 강력분	200g

아파레이유

□ 크림치즈	133g
□ 설탕	27g
□ 달걀	49g
□ 생크림	111g
□ 레몬즙	9g

레어치즈크림

□ 크림치즈	133g
□ 설탕	23g
□ 연유	26g
□ 생크림	152g
□ 과일	적당량
□ 데커레이션 슈거파우더	적당량

보관 방법

냉장고에서 2~3일 보관

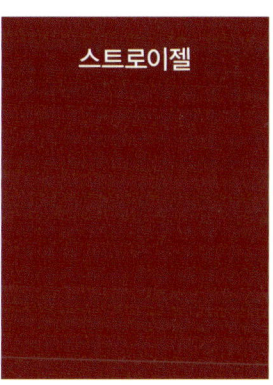

스트로이젤

01 상온에 두어 말랑해진 버터에 설탕과 마스코바도 설탕을 넣고 실리콘주걱으로 섞는다.

02 아몬드 파우더와 강력분을 넣고 주걱으로 섞은 뒤 작업대에 옮겨 볼스크래퍼로 잘 섞는다.

03 손으로 한 덩어리가 되도록 뭉친 뒤 몇 등분으로 나눠 데프론시트를 깐 철판에서 평평하게 두드린 후 약 150℃에서 30분간 굽는다.

* 속까지 진한 갈색이 나도록 굽는다.

04 그릴에 식힌 후 냉동실에 넣었다 푸드프로세서에 곱게 간다.

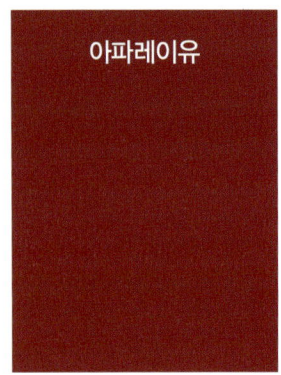

아파레이유

01 크림치즈는 실리콘주걱으로 가볍게 푼 뒤 설탕을 넣어 섞는다.

02 달걀을 3회에 나눠서 넣으며 거품기로 섞는다.

03 생크림도 2회에 나눠 넣으며 섞은 뒤 레몬즙을 넣는다.

04 체에 거른 후 하룻밤 냉장고에서 휴지시킨다.

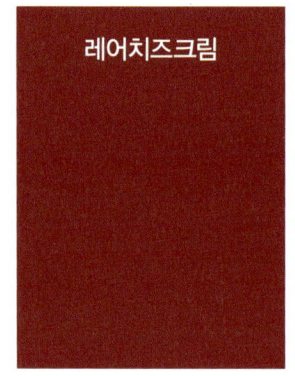

레어치즈크림

01 볼에 크림치즈를 넣고 푼 다음 설탕을 넣고 섞는다.

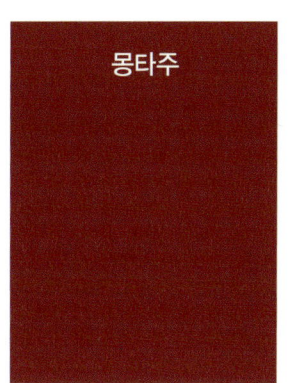

몽타주

01 지름 18㎝ 제누아즈 틀 안에 종이포일을 깔고 지름 15㎝의 무스 링을 그 위에 올린다. 스트로이젤 부순 것 120g을 무스 링 안에 넣고, 볼스크래퍼를 사용하여 바닥에 평평하게 깐다.

02 연유를 넣고 잘 섞은 후, 차가운 생크림을 넣고 덩어리지지 않게 잘 섞는다. 과도하게 저어 질어지지 않도록 주의한다.

02 아파레이유를 채운 뒤 160℃ 오븐에서 30분간 굽는다.

04 냉동실에서 꺼내 무스 링을 제거한다. 과일과 데커레이션 슈거파우더로 윗면을 장식한다.

03 구운 후 냉동실에서 식힌 다음 레어치즈크림을 평평하게 채우고 다시 냉동실에서 굳힌다.

Pain-Bis

팡비스

케이크처럼 보이지 않는 캐주얼한 케이크이다.
폭신한 비스퀴 속에 모두가 좋아할 만한 크림이 가득 들어있다.

필요한 도구

벤치믹서, 실리콘주걱,
스푼, 데프론시트, 철판,
지름 12㎝ 무스 링(선택),
L자 팔레트나이프, 체,
짤주머니, 1.5㎝ 원형깍지 2개

재료

[지름 12㎝ 약 3개 분량]

▢ 흰자	120g
▢ 설탕	100g
▢ 소금	1g
▢ 노른자	80g
▢ 바닐라 슈거	2g
▢ 마스코바도 설탕	10g
▢ 박력분	100g

크렘 파티시에

▢ 바닐라 빈	1/2개
▢ 우유	300g
▢ 노른자	90g
▢ 설탕	90g
▢ 박력분	30g
▢ 버터	9g

크렘 샹티이

▢ 생크림	250g
▢ 설탕	17g

크렘 디플로마트

▢ 크렘 파티시에	400g
▢ 크렘 샹티이	100g
▢ 강력분	적당량
▢ 슈거파우더	적당량

보관 방법

냉장고에서 약 3일 보관

팡비스

01 흰자에 설탕, 소금을 3회에 나누어 넣어가며 머랭을 만든다.

02 노른자에 바닐라 슈거를 넣고 거품기로 섞는다.

03 머랭의 거품이 다 올라오면 마스코바도 설탕을 넣는다.

04 2에 머랭 1/2을 넣어 살짝 섞고 2회 체 친 박력분을 넣은 후 실리콘주걱으로 섞는다.

05 나머지 머랭을 마저 넣고 섞는다.

06 12㎝ 무스 링으로 표시를 해둔 데프론시트 위에 반죽을 3개로 나누어 덜어낸 후, 스푼 뒤를 이용하여 살짝 둥글린다.

Tip 데프론시트 위에 강력분을 묻힌 지름 12㎝ 세르클(무스 링)로 표시를 해두면 일정한 사이즈의 반죽이 가능하다.

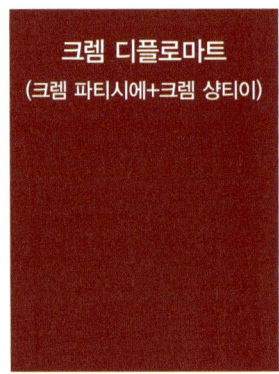

크렘 디플로마트
(크렘 파티시에+크렘 샹티이)

07 슈거파우더를 듬뿍 뿌린 후, 그 위에 강력분을 뿌린다. 팔레트나이프를 세워서 칼집을 내준다.

08 160℃ 오븐에서 20분 정도 굽는다. 오븐에서 꺼내 데프론시트째로 그릴 위에 올려 식힌다.

01 크렘 파티시에(바나나 타르트 참조)를 만든다.

02 생크림에 설탕을 넣고 거품을 내 크렘 샹티이를 만든다.

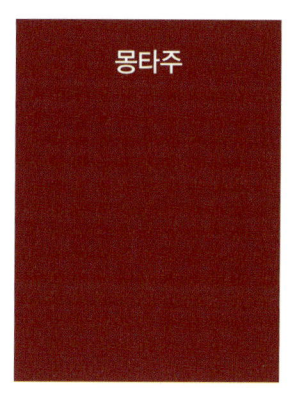

03 볼에 넣고 가볍게 푼 크렘 파티시에에 100g의 크렘 샹티이 중 1/3을 먼저 넣고 실리콘주걱으로 자르듯이 섞은 다음 나머지 크림도 다 넣고 섞어 크렘 디플로마트를 만든다.
* 100g 외의 크렘 샹티이는 마지막에 사용한다.

01 구운 팡비스를 1.5㎝ 높이로 반을 자른다. 1.2㎝ 원형 깍지를 끼운 짤주머니에 크렘 디플로마트를 넣고 먼저 팡비스 가장자리에 짠 다음 가운데에도 짠다.

03 팡비스 윗면을 덮는다.

02 1.5㎝ 원형깍지를 끼운 짤주머니에 남은 크렘 샹티이를 넣고 크렘 디플로마트 사이에 짠다.

Nougat de Montélimar

Nougat aux pistaches

Nougat au chocolat

누가 몽테리마르 & 피스타치오·초콜릿 누가

입에서 부드럽게 녹으면서 이에 달라 붙지 않는 누가를 만들기란 쉽지 않다.
습기가 많은 날에 만들면 금방 녹아버리기 때문에 항상 맑은 날에 만드는 것이 좋다.

누가 몽테리마르 Nougat de Montélimar

필요한 도구

벤치믹서, 온도계, 냄비,
볼스크래퍼, 실리콘매트, 밀대,
칼, 도마, 비닐 포장지

재료

[높이 1.5cm, 크기, 25×40cm 1개 분량]

□ 흰자	130g
□ 건조흰자	13g
□ 설탕A	65g
□ 설탕B	430g
□ 트레할로스	221g
□ 물엿	650g
□ 물	130g
□ 아카시아 꿀	345g
□ 클로버 꿀	175g
□ 헤이즐넛	390g
□ 아몬드	430g
□ 피스타치오	91g
□ 건조 크랜베리	260g
□ 말린 오렌지필	114g
(오렌지콩피)	
□ 프룬	50g
□ 콘스타치	적당량

보관 방법

건냉한 곳에서 1달 정도 보관

너츠 로스팅

01 헤이즐넛과 아몬드는 170℃ 오븐에서 15분 가량 구워준다.
구웠을 때 사진과 같이 단면이 갈색이면 완성.

누가 몽테리마르

01 믹서에 흰자, 건조흰자,
설탕A를 넣고 충분히 거품을
낸다.

02 냄비에 설탕B, 트레할로
스, 물엿, 물을 넣고 142℃로
끓인다.

* 시럽을 약한 불에서 오래 끓이게
되면 찐득찐득하고 이에 끼는 식
감의 누가가 되기 때문에 센 불에
서 짧게 끓이는 것이 중요하다.

187

03 또 다른 냄비에 아카시아 꿀, 클로버 꿀을 넣고 120℃로 끓인다.

04 거품이 올라오면 3을 1에 서서히 붓는다.

05 거품이 조금 생기면 믹서의 거품기를 비터로 바꾸고 2를 서서히 부으며 믹싱해 머랭을 만든다.

* 뜨거우니 주의해가며 저속으로 약 12분 정도 돌린다. 돌리면 돌릴수록 단단해지므로 주의한다.

06 머랭 사이로 틈이 벌어질 때까지 계속해서 돌려준다.

07 구운 헤이즐넛, 아몬드, 피스타치오, 건조 크랜베리, 말린 오렌지필, 프룬을 넣고 볼스크래퍼로 가볍게 섞는다.

* 오렌지필은 말려서 프룬, 크랜베리와 같이 다져둔다. 머랭은 뜨거울 수 있으니 조심하면서 섞는다.

08 콘스타치를 묻힌 실리콘 매트에 6을 부은 다음 볼스크 래퍼로 평평하게 만든다.

09 양손에 콘스타치를 묻힌 다음 반으로 접듯이 반죽하여 균일하게 섞이도록 한다. 약 20번 정도 반복하되, 중간중간 콘스타치를 묻혀가며 바닥에 눌러 붙는 것을 방지한다.

10 직사각형 모양으로 눌러 편 뒤 밀대로 넓적하게 민다.

11 건냉한 곳에 반나절 정도 둔 다음 쇼트닝을 얇게 바른 칼을 이용해 3×1.5㎝ 크기로 자른다.

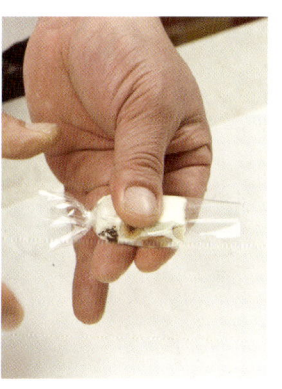

12 크기에 맞게 자른 비닐로 포장한다.

피스타치오 누가 Nougat aux pistaches

필요한 도구

벤치믹서, 온도계, 냄비,
볼스크래퍼, 실리콘매트, 밀대,
칼, 도마, 비닐 포장지

재료

[높이 1.5㎝, 크기 25×40㎝ 1개 분량]

□ 흰자	130g
□ 건조흰자	13g
□ 설탕A	65g
□ 설탕B	430g
□ 트레할로스	221g
□ 물엿	650g
□ 물	130g
□ 아카시아 꿀	345g
□ 클로버 꿀	175g
□ 피스타치오 페이스트	50g
□ 프랄린	35g
□ 헤이즐넛	240g
□ 아몬드	230g
□ 피스타치오	450g
□ 다진 살구	200g
□ 다진 프룬	55g
□ 콘스타치	적당량

보관 방법

건냉한 곳에서 1달 정도 보관

01 누가 몽테리마르 공정 5 까지와 같은 순서로 마친 다음 머랭 사이로 틈이 생기기 시작하면 피스타치오 페이스트, 프랄린, 그리고 녹색 색소 (분량 외)를 약간 넣고 가볍게 섞는다.

02 구운 헤이즐넛, 아몬드, 피스타치오, 다진 살구, 다진 프룬을 넣고 볼스크래퍼로 가볍게 섞는다.

03 그리고 나머지는 누가 몽테리마르와 같은 공정으로 작업한다.

초콜릿 누가 Nougat au chocolat

필요한 도구

벤치믹서, 온도계, 냄비,
볼스크래퍼, 실리콘매트, 밀대,
칼, 도마, 비닐 포장지

재료

[높이 1.5cm, 크기 25×40cm 1개 분량]

□ 흰자	130g
□ 건조흰자	13g
□ 설탕A	65g
□ 아카시아 꿀	345g
□ 클로버 꿀	175g
□ 설탕B	430g
□ 트레할로스	221g
□ 물엿	650g
□ 물	130g
□ 녹인 70% 초콜릿	195g
□ 헤이즐넛	390g
□ 아몬드	430g
□ 피스타치오	91g
□ 말린 오렌지필	100g
(오렌지콩피)	
□ 콘스타치	적당량

보관 방법

건냉한 곳에서 1달 정도 보관

02 헤이즐넛, 아몬드, 피스타치오, 말린 오렌지필을 넣는다.

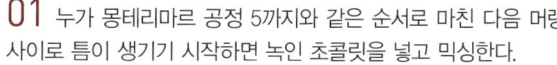

01 누가 몽테리마르 공정 5까지와 같은 순서로 마친 다음 머랭 사이로 틈이 생기기 시작하면 녹인 초콜릿을 넣고 믹싱한다.

03 그리고 나머지는 누가 몽테리마르와 같은 공정으로 작업한다.

Caramel salé

캐러멜 살레

생캐러멜의 느낌을 그대로 살린 캐러멜이다. 따뜻하게 입안에서 퍼지는 달콤한 향과
플뢰르 드 셀의 식감이 한층 캐러멜의 맛을 살려준다.

필요한 도구

온도계, 냄비, 과도, 실리콘주걱,
메탈바 4개, 데프론시트, 도마,
칼, 비닐 포장지

재료

[높이 1cm, 크기 30×30cm 1개 분량]

□ 물	90g
□ 물엿	350g
□ 설탕	475g
□ 생크림	525g
□ 꿀	90g
□ 바닐라 빈	1/2개
□ 버터	75g
□ 플뢰르 드 셀	5g

보관 방법

냉장고에 넣지 말 것.
건냉한 곳에서 1달 정도 보관

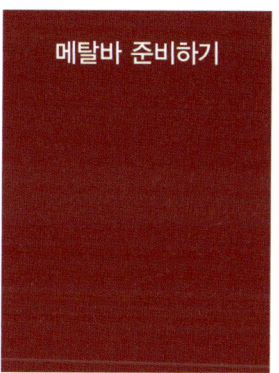
메탈바 준비하기

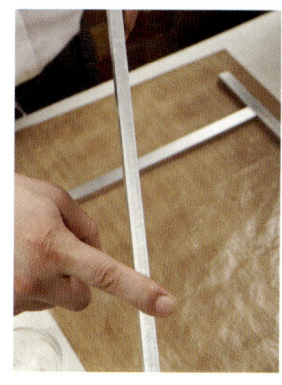
01 캐러멜이 달라붙지 않도
록 메탈바에 쇼트닝(분량 외) 또
는 버터를 발라둔다.

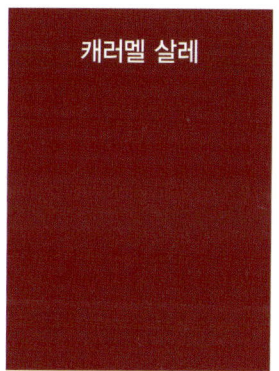
캐러멜 살레

01 냄비에 물, 물엿, 설탕을
넣고 140℃까지 끓인다.
* 매우 뜨거운 온도를 다루는 작
업이라 장갑 낄 것을 권장한다.

02 생크림, 꿀, 바닐라 빈을
넣고 3분 정도 전자레인지에
데운다.

03 불을 끈 다음 1의 냄비
에 2를 넣고 바닥에 눌어 붙
지 않도록 잘 저어가며 121℃
까지 끓인다.

Tip 너무 센 불은 바닥이 탈 수 있으니 불을 줄이고 바닥을 계속해서 저어주어야 한다.

04 불을 끈 다음 버터를 넣고 섞은 후 녹을 정도로만 가볍게 끓인다. 다시 불을 끄고 곱게 부순 플뢰르 드 셀을 넣는다.

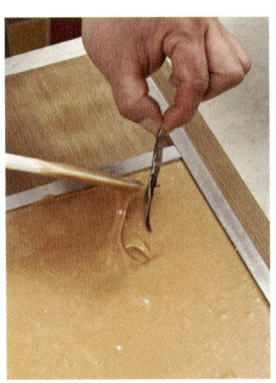

05 데프론시트 위에 메탈바를 높이 1cm, 30×30cm 크기로 맞추어 테이프로 고정한 뒤 캐러멜을 붓고 바닐라 빈 껍질은 빼낸다. 건냉한 곳에서 반나절 동안 굳힌 다음 2×3cm 크기로 자른다.

＊ 데프론시트와 칼에도 가볍게 쇼트닝 등을 바르면 깨끗하게 잘린다.

06 누가와 같이 비닐로 포장한다.

＊ 냉장고에서 굳히면 습기를 먹어 진득한 질감이 된다.

Caramel au chocolat

초콜릿 캐러멜

입안에 넣는 순간 다크 초콜릿의 향기를 맘껏 느낄 수 있는 부드러운 캐러멜이다.

필요한 도구

나무주걱, 냄비, 실리콘주걱,
온도계, 메탈바 4개, 데프론시트,
칼, 도마, 비닐 포장지

재료

[높이 1cm, 크기 30×30cm 1개 분량]

□ 물엿	349g
□ 설탕	374g
□ 생크림	500g
□ 트레몰린	29g
□ 버터	24g
□ 55% 다크초콜릿	213g
□ 카카오매스	100g

보관 방법

냉장고에 넣지 말 것.
건냉한 곳에서 1달 정도 보관

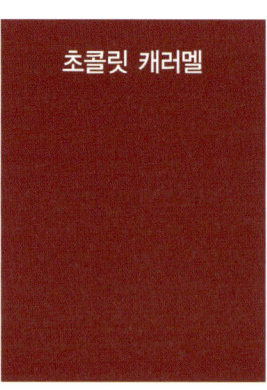

초콜릿 캐러멜

01 냄비에 물엿과 설탕을 넣고 끓여 가볍게 캐러멜화되면 불을 끈다.

02 생크림과 트레몰린을 전자레인지로 데운 다음 1에 넣고 섞는다.

03 계속해서 실리콘주걱으로 바닥을 저어주어야 바닥에 눌어붙지 않는다.

196

04 117℃까지 끓인다.

05 불을 끄고 버터를 넣어 녹인다.

06 다크초콜릿과 카카오매스를 넣고 섞는다.

07 가볍게 쇼트닝(분량 외)을 바른 메탈바를 높이 1cm, 30×30 cm 크기로 맞추어 테이프로 고정한 뒤 캐러멜을 붓는다. 건냉한 곳에서 반나절 동안 굳힌 후 2×3cm 크기로 자른다

* 메탈바에 쇼트닝 또는 버터를 발라 미리 준비해두면 편리하다.

* 데프론시트와 칼에도 가볍게 쇼트닝 등을 바르면 깨끗하게 잘린다.

Tip 초콜릿이 들어가 조금 뻑뻑할 수 있으니 사진과 같이 실리콘주걱으로 평평하게 펴준다.

Caramel à la framboise

Caramel d'ananas

라즈베리 캐러멜 & 파인애플 캐러멜

필요한 도구

냄비, 실리콘주걱, 온도계,
메탈바 4개, 데프론시트,
칼, 도마, 비닐 포장지

재료

[높이 1㎝, 크기 30×30㎝ 1개 분량]

라즈베리 캐러멜

□ 생크림   300g
□ 트레할로스   540g
□ 설탕   252g
□ 물엿   120g
□ 라즈베리 퓌레   300g
□ 버터   30g
□ 카카오버터   30g
□ 트레몰린   53g

파인애플 캐러멜

□ 설탕   252g
□ 물엿   120g
□ 파인애플 퓌레   300g
□ 생크림   300g
□ 트레할로스   540g
□ 버터   30g
□ 카카오버터   30y
□ 바닐라 빈   1/2개
□ 트레몰린   53g

보관 방법

냉장고에 넣지 말 것.
건냉한 곳에서 1달 정도 보관

라즈베리 캐러멜 Caramel à la framboise

01 냄비에 생크림, 트레할로스, 설탕, 물엿, 라즈베리 퓌레, 버터, 카카오버터를 넣고 주걱으로 잘 저어가며 120℃까지 끓인다.

02 불을 끄고 1에 트레몰린을 넣은 다음 섞는다.

03 캐러멜 살레와 같이 데프론시트를 깐 틀에 붓고 건냉한 곳에서 반나절 동안 굳힌다. 굳으면 잘라 포장한다.

* 메탈바에 쇼트닝 또는 버터를 발라 미리 준비해두면 편리하다.

파인애플 캐러멜 Caramel d'ananas

01 냄비에 설탕, 물엿, 파인애플 퓌레, 생크림, 트레할로스를 넣고 살짝 끓이다 버터와 카카오버터를 넣고 실리콘주걱으로 잘 저어가며 120℃까지 끓인다.

02 끓기 시작하면 바닐라 빈과 껍질을 넣는다. 불을 끄고 트레몰린을 넣은 다음 섞는다.

03 캐러멜 살레와 같이 데프론시트를 깐 틀에 붓고 바닐라 빈 껍질은 제거한다. 건냉한 곳에서 반나절 동안 굳힌 다음 잘라 포장한다.

* 메탈바에 쇼트닝 또는 버터를 발라 미리 준비해두면 편리하다.

Pâte de grenadilles

Pâte de framboises

파트 드 프뤼

말캉하고 쫀득쫀득한 젤리와는 조금 다른 느낌의 부드럽고 촉촉한 젤리이다.
과일 고유의 맛과 향이 새콤하고 진하게 느껴진다.

라즈베리 젤리 Pâte de framboises

필요한 도구

거품기, 냄비, 실리콘주걱,
온도계, 메탈바 4개,
데프론시트, 칼, 도마, 건조망

재료

[높이 1cm, 크기 21×30㎝ 1개 분량]

□ 라즈베리 퓌레	500g
□ 설탕	115g
□ 젤리용 펙틴	12g
□ 트레할로스	305g
□ 트레몰린	67g
□ 물엿	67g
□ 구연산	4g
□ 물	4g

보관 방법

건냉한 곳에서 1달 정도 보관

라즈베리 젤리

01 냄비에 라즈베리 퓌레를 넣고 거품기로 저으며 끓인다.

02 퓌레가 끓으면 설탕과 젤리용 펙틴 섞은 것을 넣고 거품기로 섞는다.

03 트레할로스에 분량 외의 설탕을 조금 넣은 후 2에 5회에 나눠 넣는다.

04 트레몰린과 물엿을 넣고 다시 한 번 끓인다.

* 80℃ 이하로 온도가 떨어지게 되면 응고가 되므로 항상 끓는 상태를 유지하는 것이 중요하다.

05 106℃까지 끓인 다음 불을 끄고 구연산 용액을 넣은 후 계속 저어가며 끓인다.

* 구연산을 녹일 때는 반드시 뜨거운 물을 사용한다. 105.5℃까지는 천천히 오르다 온도가 갑자기 올라가므로 주의한다.

06 데프론시트 위에 가볍게 쇼트닝(분량 외)을 바른 메탈바를 높이 1㎝, 21×30㎝ 크기로 맞추어 테이프로 고정한 뒤 젤리를 붓는다.

* 메탈바에 쇼트닝 또는 버터를 발라 미리 준비해두면 편리하다.

07 하루 동안 윗면을 말린 후, 뒤집어 다시 하루를 더 말린 다음 트레할로스(분량 외)를 겉면에 바른다.

08 2.5×2.5㎝ 크기로 자른 다음 트레할로스(분량 외)를 묻혀 건 조망에서 하루를 더 말린다.

* 데프론시트에 대고 바로 칼질을 하면 잘릴 수 있으니 주의한다. 도마에 대고 자르면 더 편리하다.

Pâte de grenadilles& Pâte de framboises

패션프루츠 젤리 Pâte de grenadilles

필요한 도구

거품기, 냄비, 실리콘주걱,
온도계, 메탈바 4개,
데프론시트, 칼, 도마, 건조망

재료

[높이 1cm, 크기 21×30cm 1개 분량]

□ 패션프루츠 퓌레	500g
□ 설탕	115g
□ 젤리용 펙틴	12g
□ 트레할로스	305g
□ 트레몰린	67g
□ 물엿	67g
□ 구연산	4g
□ 물	4g

보관 방법

건냉한 곳에서 1달 정도 보관

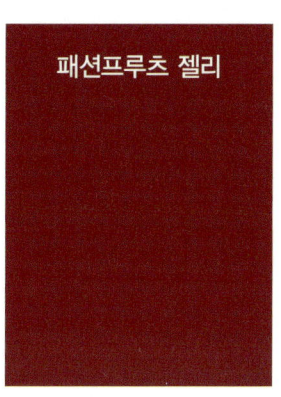

패션프루츠 젤리

01 냄비에 패션프루츠 퓌레를 끓이다 설탕과 젤리용 펙틴 섞은 것을 넣고 거품기로 섞는다.

02 트레할로스에 분량 외의 설탕을 조금 넣은 후 1에 3~4회에 나눠 넣으며 끓인다.

03 트레몰린, 물엿을 넣고 주걱으로 저어가며 다시 한 번 106℃까지 끓인다.

* 105.5℃까지 천천히 오르다 갑자기 온도가 올라가니 주의한다.

04 불을 끄고 뜨거운 물에 푼 구연산 수용액을 3에 넣고 거품기로 저어가며 푼다.

05 데프론시트 위에 쇼트닝(분량 외)을 바른 메탈바를 얹고 그 위에 4를 붓는다.

* 메탈바에 쇼트닝 또는 버터를 발라 미리 준비해두면 편리하다.

06 하루 동안 윗면을 말린 후, 뒤집어 하루를 더 말린다. 트레할로스(분량 외)를 바르고 2.5×2.5㎝ 크기로 자른 다음 건조망에서 하루를 더 말린다.

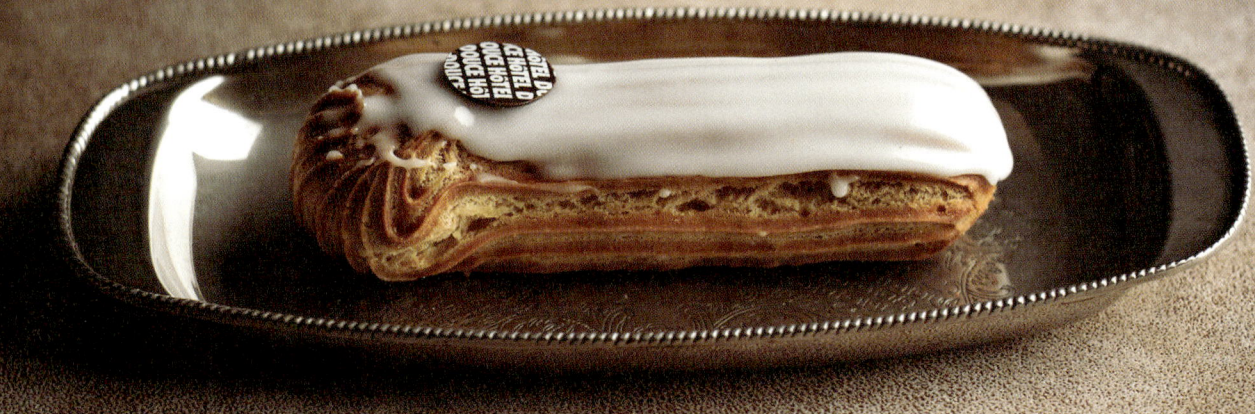

Éclair à la vanille

바닐라 에클레어

클래식한 디저트인 만큼 프랑스 디저트를 전문으로 하는 숍에서는 빠지지 않는 메뉴이다.
또한 각 셰프의 특징을 잘 느낄 수 있는 디저트이기도 하다.

필요한 도구

냄비, 나무주걱, 실리콘주걱,
푸드프로세서, 철판, 짤주머니,
1.5cm 별깍지, 그릴망, 냄비,
거품기, 체, 랩, 과도, 짤주머니,
0.8cm 원형깍지, 일회용 장갑

재료
[약 25개 분량]

파트 아 슈
(개당 약30g, 길이 12cm 정도 크기)

□ 버터	96g
□ 우유	120g
□ 물	120g
□ 소금	2g
□ 설탕	7g
□ 박력분	144g
□ 달걀	192~216g
□ 슈거파우더	적당량

크렘 파티시에(12개 분량)
(바나나 타르트 참조)

□ 바닐라 빈	1/2개
□ 우유	300g
□ 노른자	90g
□ 설탕	90g
□ 박력분	30g
□ 버터	9g

크렘 샹티이

□ 생크림	150g
□ 설탕	12g

크렘 디플로마트

□ 크렘 파티시에	450g
□ 크렘 샹티이	150g
□ 바닐라 에센스	석당량

퐁당

□ 퐁당	800g
□ 시럽(물1 : 설탕1.25)	93g

보관 방법
하루 이내에 먹는 것이 좋다.

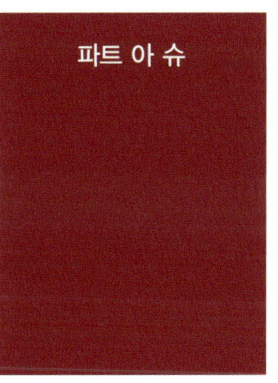

파트 아 슈

01 냄비에 버터, 우유, 물, 소금, 설탕을 넣고 끓인다.

02 거품이 올라오면 불을 끄고 2회 체 친 박력분을 넣고 나무주걱으로 원을 그리듯이 섞는다.

03 볼에 옮겨 전자레인지에 넣고 40초 정도씩 돌려가며 실리콘주걱으로 중간중간 저어서 상태를 확인하며 섞어준다.

04 반죽이 투명해지면 볼 안에 반죽을 넓게 펴서 5분 정도 식힌다.

05 푸드프로세서에 4를 넣고 3~4회 공회전해서 온도를 내린 다음(달걀이 익지 않게 하기 위해) 달걀을 1/5씩 4회에 나누어 넣는다.

* 달걀은 1/5만큼 남겨둔다.

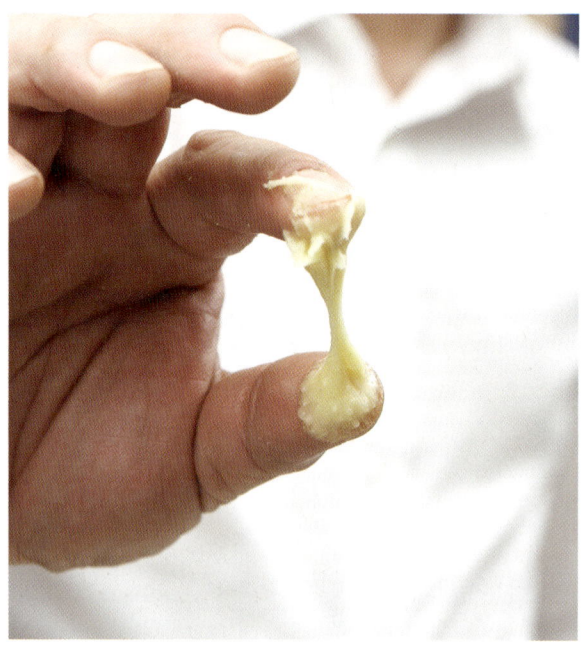

06 5를 볼에 옮긴 뒤 남은 달걀을 조금씩 넣어 굳기를 조절해가며 섞는다. 엄지와 집게 손가락으로 반죽을 천천히 늘려봤을 때 5㎝ 정도로 늘어나는 정도가 좋다.

07 6을 짤주머니에 넣은 뒤 남은 반죽은 마르지 않게 덮어두고 약 12㎝ 길이로 짠다.

08 슈거파우더를 한 번 뿌리고 녹으면 한 번 더 뿌린다.

09 짤주머니로 짜는 과정에서 생긴 꼭지를 손으로 눌러 없앤다. 190℃ 오븐에 넣어 15분간 굽고 180℃로 내려 20분 동안 구운 다음 170℃로 내려 10분 정도 굽는다. 중간에 오븐을 열면 반죽이 가라앉으므로 열지 않도록 주의한다. 오븐에서 꺼낸 후 그릴망에서 식힌다.

크렘 파티시에

01 바닐라 빈을 세로로 갈라 뒤집어 벌린 뒤 칼등으로 바닐라 빈 속의 씨만 발라낸다. 냄비에 우유와 바닐라 빈 껍질과 씨, 그리고 설탕의 1/5 정도를 넣고 끓인다. 끓기 시작하면 불을 끈다.

02 노른자에 나머지 설탕을 넣고 거품기로 재빨리 저으며 반죽이 하얗게 될 때까지 섞는다.

03 체 친 박력분을 2에 넣고 천천히 거품기로 섞은 후 1을 넣고 섞는다.

04 3을 체에 거른 뒤 다시 가열하며 계속해서 거품기로 저어준다. 바닐라 빈 껍질은 제거한다.

05 처음엔 무겁고 되직한 반죽이 되다가 그 시간이 지나면 급격히 묽고 윤기 나는 반죽이 된다. 무겁고 되직한 반죽에서 주르륵 흐르고 윤기가 나는 상태가 되면 버터를 넣고 섞는다.

06 알코올로 소독한 볼 또는 용기에 크렘 파티시에를 넣고 마르지 않도록 랩핑한 후 얼음물에 놓고 차게 식힌다. 식으면 냉장 보관한다.

* 크렘 파티시에는 적은 양은 만들 수 없으므로 일부분만 사용하고 나머지를 버리더라도 양을 너무 적게 하지 않는 것이 좋다.

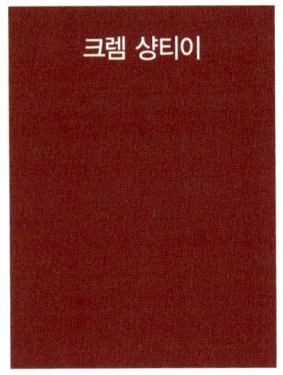

01 생크림에 설탕을 넣고 거품을 내 크렘 샹티이를 만든다.

크렘 디플로마트
(크렘 파티시에+크렘 샹티이)

01 볼에 넣고 가볍게 푼 크렘 파티시에에 크렘 샹티이 1/3을 먼저 넣고 실리콘주걱으로 자르듯이 섞은 다음 나머지 크림도 다 넣고 섞는다.

02 바닐라 에센스(분량 외)를 넣고 섞은 다음 마무리한다.

퐁당+시럽

01 볼에 퐁당을 넣고 시럽을 넣어가며 섞는다.

* 퐁당은 38℃를 넘기지 않는 선에서 전자레인지에 데워 사용한다. 조금씩 녹여야 윤기가 사라지지 않는다.

01-1 완성된 퐁당의 상태

몽타주

01 구워진 슈 바닥의 양쪽에 과도 끝으로 돌려 구멍을 낸다.

02 0.8㎝ 원형깍지를 끼운 짤주머니에 크렘 디플로마트를 담고 구멍에 넣어 천천히 빈 곳 없이 크림을 가득 채워 넣는다.

03 슈에 퐁당이 잘 묻어날 수 있도록 넣었다 뺐다를 반복하여 윗부분에 퐁당을 묻힌다. 장력으로 불필요한 퐁당을 떨어뜨린다.

04 손가락으로 깨끗하게 덜어내 적당량이 묻도록 한다.

* 일회용 장갑을 사용한다.

Eclair à la vanille

Éclair à la rose

로즈 에클레어

한 입 베어 물면 부드러운 크림과 함께 싱그러운 장미꽃 향이 은은하게 퍼지는 에클레어이다.
'꽃의 여왕' 장미로 만든 에클레어인 만큼 화사한 느낌이 들도록 장식에도 화려한 느낌을 더해 주었다.

필요한 도구
냄비, 나무주걱, 실리콘주걱,
푸드프로세서, 철판, 짤주머니,
1.5cm 별깍지, 그릴망, 냄비,
거품기, 체, 랩, 과도, 짤주머니,
0.8cm 원형깍지, 일회용 장갑

재료
[약 25개 분량]

파트 아 슈
(개당 약30g, 길이 12cm 정도 크기)

□ 버터	96g
□ 우유	120g
□ 물	120g
□ 소금	2g
□ 설탕	7g
□ 박력분	144g
□ 달걀	192~216g
□ 슈거파우더	적당량

로즈 크림(4개 분량)

크렘 파티시에	120g
(바나나 타르트 참조)	
로즈워터	15방울
로즈시럽	4g
생크림	40g

퐁당

□ 퐁당	800g
□ 시럽(물1 : 설탕1.25)	93g

라즈베리 콩피튀르

라즈베리 퓌레	100g
냉동 라즈베리	100g
설탕	100g

보관 방법
하루 이내에 먹는 것이 좋다.

파트 아 슈

01 바닐라 에클레어와 같은 공정으로 파트 아 슈를 만든다.

02 반죽을 짤주머니에 넣고 약 12cm 길이로 짠다. 슈거파우더를 뿌리고 녹으면 한 번 더 뿌린다.

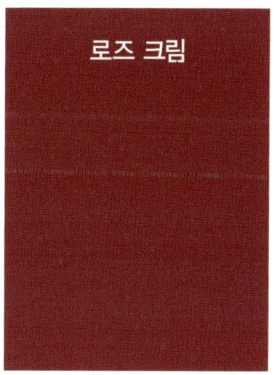

로즈 크림

03 짤주머니로 짜는 과정에서 생긴 꼭지를 손으로 눌러 없앤다. 190℃ 오븐에 넣어 15분간 굽고 180℃로 내려 20분 동안 구운 다음 170℃로 내려 10분 정도 더 굽는다. 중간에 오븐을 열면 반죽이 가라앉으므로 열지 않도록 주의한다. 오븐에서 꺼낸 후 그릴망에서 식힌다.

01 볼에 크렘 파티시에(바닐라 에클레어 참조)를 담고 실리콘주걱으로 부드럽게 만든다.

02 로즈워터와 로즈시럽을 3~4회에 나눠 넣는다.

03 100% 거품낸 생크림을 넣고 자르듯이 섞는다.

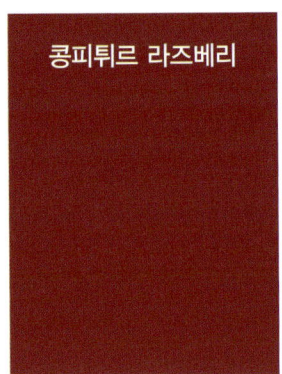

콩피튀르 라즈베리

01 냄비에 라즈베리 퓌레, 냉동 라즈베리, 설탕을 넣고 1분 정도 끓인다.

풍당+시럽

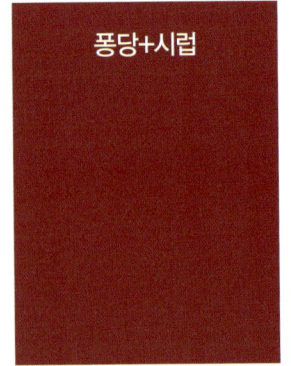

01 볼에 풍당을 넣고 시럽을 넣어가며 섞는다.

* 풍당은 38℃를 넘기지 않는 선에서 전자레인지에 데워 사용한다. 조금씩 녹여야 윤기가 사라지지 않는다.

01-1 완성된 풍당의 상태

02 38℃ 퐁당에 라즈베리 콩피튀르를 넣고 섞는다.

Tip 되기는 시럽으로 조절한다. 시럽의 비율은 1:1.25 (물:설탕)이다.

몽타주

01 구워진 슈 바닥의 양쪽에 과도 끝으로 돌려 구멍을 낸다.

02 0.8㎝ 원형깍지를 끼운 짤주머니에 로즈 크림을 담고 구멍에 넣어 천천히 빈 곳 없이 크림을 가득 채워 넣는다.

  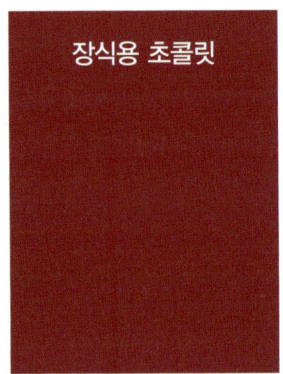 

장식용 초콜릿

03 슈 윗부분에 라즈베리 퐁당을 묻히고 손가락으로 덜어내 적당량이 묻도록 한다.

* 일회용 장갑을 사용한다.

01 초콜릿은 전자레인지에서 31℃를 넘지 않는 선에서 녹인다. 넣었다 뺐다를 반복하며 조금씩 녹이는 것이 중요하다.

* 홈베이킹 시크릿 참조

02 녹인 초콜릿은 짤주머니에 넣은 다음 전사지에 동그랗게 짜서 가볍게 두드려 평평하게 펴준다. 잠시 냉장 보관한 다음 사용하면 된다.

퐁당 쇼콜라 오랑주 Fondant au chocolat

조금 다른 느낌의 퐁당 쇼콜라로, 달콤하면서 향긋한 오렌지 향이
은은하게 가미돼 매력적인 맛을 선사한다.

재료

[6.5×14×6㎝ 파운드 틀 2개 분량]

- □ 버터 180g
- □ 55% 다크초콜릿 190g

- □ 달걀 142g
- □ 노른자 15g
- □ 설탕 80g
- □ 트레할로스 38g
- □ 박력분 15g
- □ 오렌지 마멀레이드 50g

보관 방법

냉장고에서 7일간 보관

초콜릿 준비하기

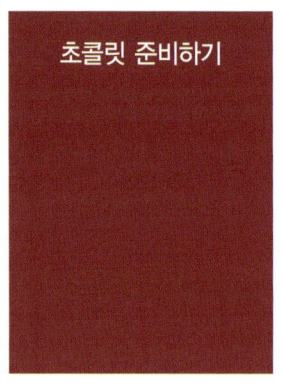 

01 버터와 초콜릿은 함께 전자레인지로 녹여둔다.

퐁당 쇼콜라 오랑주

01 볼에 달걀, 노른자, 설탕, 트레할로스를 넣고 거품기로 저어준다.

02 1에 녹인 초콜릿과 버터를 2회에 걸쳐 넣고 섞는다.

03 체 친 박력분을 2에 넣고 날가루가 보이지 않도록 섞는다.

04 오렌지 마멀레이드를 섞는다.

05 준비된 파운드 틀에 350g씩 붓는다.

06 롤 철판에 파운드 틀을 올리고 끓는 물을 부어 중탕으로 150℃ 오븐에서 50분간 굽는다. 실온에서 식힌 후 마르지 않게 랩핑해 하루 동안 냉장고에 넣어 둔다.

Fondant au chocolat

Crème d'Anjou

크렘 당주

프랑스 앙주 지역의 크림이라는 뜻으로 프랑스어 ange(천사)와 발음이 비슷하여
'천사의 크림'이라는 애칭이 있다. 형태 유지와 수분 증발을 막기 위해 거즈로 크림을 싸기 시작했다고 한다.

필요한 도구
체, 누름돌, 거즈, 냄비, 실리콘주걱,
15㎝ 사각 틀, 랩, 온도계, 벤치믹서,
칼, 도마, 짤주머니, 1.5㎝ 원형깍지,
도자기 용기, 깨끗이 씻은 거즈
15x15㎝ 5장

재료
[도자기 용기 약 16개 분량]

프로마주 블랑
□ 요거트	500g

즐레 루즈
(15㎝ 정사각 틀 1판 분량)

□ 냉동 라즈베리	101g
□ 라즈베리 퓌레	90g
□ 설탕	50g
□ 젤라틴	3g
□ 물	150g
□ 설탕B	159g
□ 트레할로스	83g
□ 흰자	140g
□ 설탕A	30g
□ C300	5g
□ 마스카르포네 치즈	250g
□ 프로마주 블랑	250g
□ 사워크림	250g
□ 생크림	300g

소스 드 프랑부아즈
(누아르 쇼콜라 참조)

□ 라즈베리 퓌레	50g
□ 슈거파우더	5g

보관 방법
냉장고에서 2~3일 보관

프로마주 블랑

01 요거트는 거즈로 감싸 위를 무거운 것으로 눌러 물기를 하루 이상 빼준다.

즐레 루즈

01 냄비에 냉동 라즈베리, 라즈베리 퓌레, 설탕을 넣고 끓인다.

02 볼로 옮긴 후 30분간 물에 불려 물기를 제거한 젤라틴을 넣고 섞는다.

03 얼음물을 밑에 대고 실리콘주걱으로 뒤섞으며 식혀 되기를 조절한다. 너무 오래 식히거나 젓지 않으면 볼에 닿은 부분만 굳을 수 있으므로 1분 이내로 짧게 식히도록 한다.

04 바닥을 랩으로 싼 틀에 붓고 냉동실에서 얼린다.

이탈리안 머랭

01 냄비에 물, 설탕B, 트레할로스를 넣고 118℃까지 끓인다.

02 1이 끓기 시작하면 믹싱볼에 흰자와 설탕A, C300을 넣고 거품을 내기 시작한다.

03 1이 118℃에 가까워지면 2를 잠깐 고속으로 올려 거품을 낸 뒤 다시 저속으로 돌리다 118℃가 된 1을 천천히 2에 붓는다. 식을 때까지 계속해서 믹서를 돌린다.

크림

01 볼에 마스카르포네 치즈를 넣고 프로마주 블랑을 2~3회에 나눠 넣고 섞는다.

02 사워크림도 2~3회에 나눠서 넣고 덩어리가 생기지 않게끔 섞는다.

03 100%에 가깝게 거품을 낸 생크림을 넣고 섞는다.

04 3에 이탈리안 머랭 1/3을 넣고 섞은 후 나머지 머랭도 넣고 섞는다.

몽타주

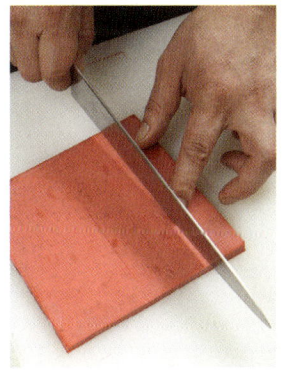

01 냉동실에서 얼린 즐레 루즈를 틀에서 빼내 3㎝ 정사각형 모양으로 자른다.

02 용기에 거즈를 넣고 크림을 반 정도 볼록하게 짜서 채운 후, 언 상태의 즐레 루즈를 눌러 넣고 그 위에 크림을 다시 짠다.

03 보자기를 싸듯이 윗면을 거즈로 싼 뒤 냉동 또는 냉장하여 굳힌다.

04 먹을 때는 윗면의 거즈를 벗긴 뒤 용기째 그릇에 엎는다. 용기와 거즈를 순차적으로 벗겨낸 후 가장자리에 소스를 둘러서 함께 먹는다.

Bouchée fromage

붓세 프로마주

산뜻한 치즈 크림이 가득 샌드된 디저트이다. 갓 만들었을 때보다 샌드하고 조금 지나
수분히 촉촉히 스며들면 입 안에서 더 잘 녹아 맛있어진다.

필요한 도구
냄비, 거품기, 벤치믹서,
지름 6㎝ 무스 링(선택),
데프론시트, 1.5㎝ 원형깍지,
짤주머니, 철판, 롤 철판,
그릴망, 체

재료
[10개 분량]

치즈 반죽
□ 우유	137g
□ 버터	52g
□ 노른자	71g
□ 설탕	13g
□ 박력분(아트레제)	52g
□ 크림치즈	78g
□ 흰자	260g
□ 설탕	78g
□ 트레할로스	39g
□ C300	3g
□ 강력분	적당량
□ 데커레이션 슈거파우더	적당량

크림치즈 크림
□ 크림치즈	208g
□ 생크림	468g
□ 설탕	130g

보관 방법
냉장 보관하며
최대한 빨리 먹는 것이 좋다.

치즈 반죽

01 냄비에 우유, 버터를 넣고 버터가 녹을 때까지 끓인다.

02 노른자에 설탕을 넣고 섞은 후 1을 1/3넣고 섞는다.

03 체 친 박력분을 넣고 섞은 후 1의 1/3을 다시 붓고 섞는다.

04 크림치즈는 거품기로 덩어리를 가볍게 풀어준 다음 3을 조금씩 나눠 넣고 섞는다.

05 남은 1을 넣고 섞은 후 전자레인지에 30초 간격으로 넣어다 뺐다를 반복해가며 거품기로 저어준다. 덩어리가 없고 걸죽해져서 리본 형태가 남을 정도로 60℃까지 데운다.

* 마지막에는 10초 간격으로 확인을 하여 지나치게 돌리지 않도록 주의한다.

07 5에 머랭 1/3을 넣고 섞은 후 나머지 머랭을 넣고 섞는다.

08 강력분이 담긴 용기에 6cm 무스 링을 눌렀다 데프론시트에 눌러주면 간단하게 일정한 크기를 만들 수 있다.

06 볼에 흰자를 넣고 설탕과 트레할로스, C300을 조금씩 넣어가며 부드러운 머랭을 만든다.

10 뜨거운 물이 담긴 롤 철판 위에 철판을 올린 뒤 150℃ 오븐에서 35~40분간 굽는다. 이때, 오븐 장갑이나 행주 등을 문에 끼워 문을 아주 살짝 열어둔다.

09 1.5cm 원형깍지를 끼운 짤주머니에 반죽을 넣고 철판 위에 데프론시트를 간 후 그 위에 지름 6cm 크기의 원형으로 짠다.

11 오븐에서 꺼낸 후 데프론
시트에서 떼지 않고 식힌다.

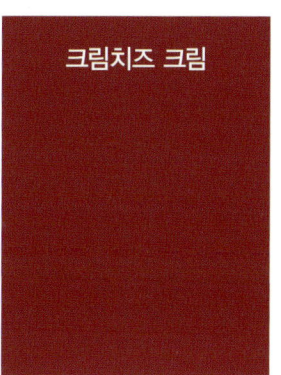

크림치즈 크림

01 볼에 크림치즈를 넣고 부
드럽게 풀어준다.

02 생크림과 설탕을 넣은 후
밑에 얼음물을 대고 70%까지
거품을 올린다.

03 1에 2를 3~4회에 나눠
넣으며 섞는다.

몽타주

01 식힌 치즈 반죽 사이에
크림치즈를 발라 샌드한다.

02 데커레이션 슈거파우더를
뿌린 후, 뒤집어서도 뿌린다.

Chocolat noir

누아르 쇼콜라

케이크를 쪼개면 흘러나오는 초콜릿에 눈도 즐겁다.
시간을 잘 맞춰 구워야 껍질이 터지지 않으면서도 얇게 나온다.

필요한 도구

거품기, 실리콘주걱, 랩,
짤주머니, 지름 5㎝ 무스 링 5개,
유산지, 실리콘매트, 철판

재료

[지름 5㎝ 틀 5개분]

소스

□ 라즈베리 퓌레	100g
□ 슈거파우더	20g

□ 달걀	250g
□ 설탕	175g
□ 소금	1g
□ 68% 다크초콜릿	183g
□ 버터	150g
□ 박력분	66g

보관 방법

초콜릿이 굳으므로 따뜻할 때
바로 먹어야 한다.

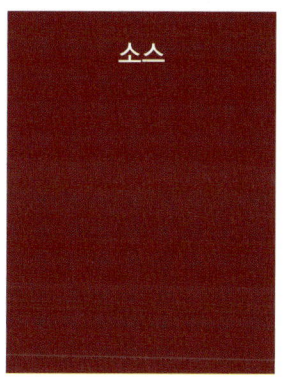

소스

01 녹인 라즈베리 퓌레에 슈거파우더를 넣고 거품기로 섞은 다음 차갑게 식힌다.

* 양이 많은 경우엔 바믹서를 사용한다.

누아르 쇼콜라

01 볼에 달걀을 풀어주고 설탕, 소금을 넣으며 섞는다.

02 전자레인지에 초콜릿을 녹인다.

03 1에 녹인 초콜릿을 조금씩 넣으며 섞는다.

04 녹인 버터를 조금씩 넣으며 섞는다.

05 체 친 박력분을 넣고 거품기로 섞은 다음 랩을 싸서 상온에서 1시간 휴지한다.

06 실리콘매트를 깐 철판에 지름 5㎝ 틀을 올리고, 틀 안쪽에 반죽이 붙지 않도록 유산지를 6㎝ 높이로 잘라 끼운다.

08 오븐에서 나오자마자 틀에서 빼 접시에 올리고 유산지를 조심스럽게 벗긴 뒤 가장자리에 소스를 두른다. 아이스크림을 곁들여 먹어도 좋다.

07 짤주머니에 반죽을 담아 틀의 70%까지 채운 다음 180℃ 오븐에서 6분 30초에서 8분 가량 굽는다.

크렘 브륄레 Crème brûlée

고급스러운 디저트로 손꼽히는 크렘 브륄레. 스푼으로 캐러멜을 살짝 깨뜨리면
연두부 같은 질감의 크림을 맛볼 수 있다.

필요한 도구

거품기, 키친타월, 도자기 용기,
국자, 롤 철판, 토치

재료

[도자기 용기 약 7개 분량]

□ 크림치즈	30g
□ 마스카르포네 치즈	180g
□ 우유	114g
□ 생크림	210g
□ 바닐라 빈	1/10개
□ 노른자	108g
□ 설탕	54g
□ 설탕(캐러멜용)	적당량

보관 방법

냉장고에서 약 5일간 보관
(11번 공정은 먹기 직전에 해야
바삭한 식감이 난다)

크렘 브륄레

01 크림치즈와 마스카르포네
치즈를 거품기로 풀어준다.

02 우유와 생크림은 바닐라
빈을 넣고 전자레인지에 뜨겁
게 데운다.

03 노른자에 설탕을 넣은 뒤
거품기로 잘 섞는다.

04 1에 2를 3회에 나눠서 넣
으며 섞는다.

05 3에 4를 3회에 나눠 넣으
며 섞는다.

06 체에 거른 다음 반죽 위에 키친타월을 가볍게 올린 뒤 벗겨내어 기포를 제거한다.

07 키친타월을 깐 롤 철판에 도자기 용기를 올린 뒤 국자나 비커를 사용해 용기에 90%정도 채운다.

08 롤 철판에 뜨거운 물을 반 정도 잠기게 부어준다.

09 토치로 표면 위의 기포를 다시 한 번 제거한 후 150℃ 오븐에서 30분 정도 굽는다.

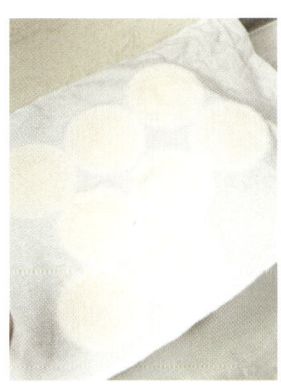

10 오븐에서 꺼낸 뒤 용기 위에 물에 적신 천이나 키친타월을 덮어 마르지 않도록 보관한다.

11 식은 뒤 먹기 전에 설탕을 크렘 브륄레 위에 넉넉히 올리고 토치로 캐러멜화시킨다. 살짝 굳으면 한 번 더 반복한다.

Pouding au moka

푸딩 모카

커피와 초콜릿의 맛을 느낄 수 있는 실크처럼 부드러운 푸딩이다.

필요한 도구

나무주걱, 냄비, 소독한 푸딩 병,
과도, 거품기, 체, 키친타월,
롤 철판, 토치(선택)

재료

[100ml 푸딩용 병 약 11개 분량]

캐러멜

□ 설탕	100g
□ 뜨거운 물	20g
□ 생크림	432g
□ 우유	288g
□ 바닐라 빈	1/2개
□ 달걀	72g
□ 노른자	99g
□ 설탕	108g
□ 인스턴트 커피	3g
□ 밀크초콜릿	144g

보관 방법

냉장고에서 약 5일간 보관

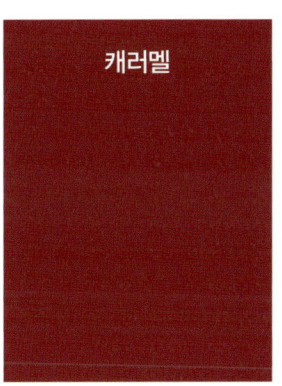

캐러멜

01 냄비에 설탕을 넣고 끓여 캐러멜화시킨다.

02 보글보글 끓어 색이 나면 불을 끄고 뜨거운 물을 붓는다.

03 푸딩용 병에 붓는다.

* 남은 캐러멜은 데프론시트 위에 부어서 굳힌 뒤 보관하여 필요시 녹여서 재사용한다.

푸딩

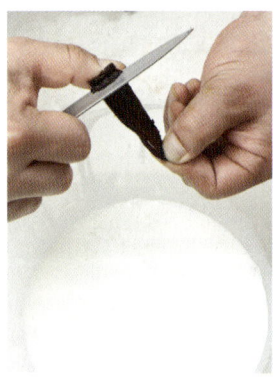

01 생크림, 우유에 바닐라 빈 씨와 껍질을 넣고 전자레인지에 데운 후 껍질은 건져낸다.

02 볼에 달걀과 노른자, 설탕을 넣고 거품기로 섞는다.

03 따뜻해진 1에 인스턴트 커피를 넣고 섞는다.

04 밀크초콜릿에 3을 조금 넣어 섞은 후, 다시 2에 나눠 붓고 섞는다.

05 체에 걸러준다.

06 체에 거른 다음 반죽 위에 키친타월을 가볍게 올린 뒤 벗겨내어 기포를 제거한다.

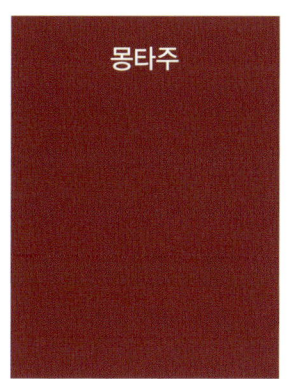

몽타주

01 롤 철판에 키친타월을 깔고 캐러멜이 담긴 푸딩용 병을 올린 뒤 푸딩 반죽을 붓는다.

02 토치로 푸딩에 남은 기포를 제거해준다.

03 롤 철판에 뜨거운 물을 부어 160℃ 오븐에서 중탕으로 35분간 굽는다.

04 오븐에서 꺼낸 뒤 마르지 않도록 병 위에 바로 젖은 천이나 키친타월 또는 뚜껑을 덮어 냉장 보관한다.

Pouding au potiron

단호박 푸딩

달콤한 단호박과 쌉싸름한 맛의 캐러멜이 너무나도 잘 어울린다.

필요한 도구
칼, 랩, 믹서기, 실리콘주걱,
과도, 거품기, 바믹서, 키친타월,
롤 철판, 소독한 푸딩 병, 토치(선택)

재료
[100㎖ 푸딩용 병 약 9개 분량]

호박 퓌레

□ 호박	1개
□ 1:1 시럽	약 240g

□ 생크림	100g
□ 우유	400g
□ 바닐라 빈	1/4개
□ 노른자	100g
□ 달걀	120g
□ 설탕	63g
□ 호박 퓌레	250g

보관 방법
냉장고에서 약 5일간 보관

호박 퓌레

01 단호박은 껍질을 벗겨 한입 크기로 깍뚝썰기한 다음 랩을 씌워 전자레인지에서 익힌다.

푸딩

02 익힌 단호박은 시럽을 넣고 믹서에 곱게 간다.

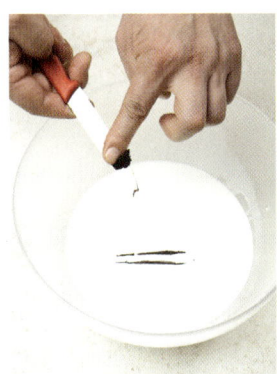

01 생크림, 우유에 바닐라 빈 씨와 껍질을 넣고 전자레인지에 데운 후 껍질은 건져 낸다.

02 볼에 노른자와 달걀, 설탕을 넣고 거품기로 섞는다.

03 호박 퓌레에 데운 1을 3회에 나눠 붓고 거품기로 섞는다.

04 2에 3을 조금씩 나눠 붓고 거품기로 섞는다.

05 체에 거른 후, 바믹서로 가볍게 섞는다.

몽타주

06 키친타월을 반죽에 가볍게 올린 뒤 벗겨내듯 하여 기포를 제거한다.

01 롤 철판에 키친타월을 깔고 푸딩용 병을 올린 뒤 반죽을 붓고 토치로 남은 기포를 제거한다.

02 롤 철판에 뜨거운 물을 부어 150℃ 오븐에서 중탕으로 30분간 굽는다.

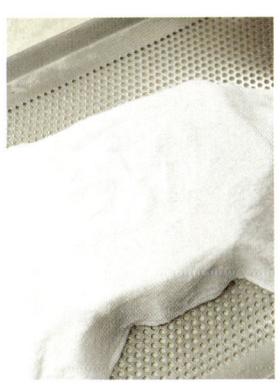

03 오븐에서 꺼낸 뒤 마르지 않도록 병 위에 바로 젖은 천이나 키친타월 또는 뚜껑을 덮어 냉장 보관한다.

Tip 취향에 따라 캐러멜을 만들어 넣어도 좋다.

Macaron

01 여름에는 흰자에 수분이 많아 건조흰자의 양을 늘려야 겨울과 동일한 상태의 마카롱을 만들 수 있다. 건조흰자의 양이 동일할 경우, 겨울에는 속도를 높여서 거품내는 시간을 짧게 하고 여름에는 속도를 낮춰서 오래 거품을 내야 반죽의 최종 상태를 동일하게 유지할 수 있다.

02 마카롱의 윗면은 평평하게 짜도록 한다. 윗면이 볼록할 경우, 가장 높이 솟은 부분으로 수증기의 압력이 쏠려서 마카롱의 표면이 터지게 되는 경우가 있으므로, 평평하게 하여 수증기의 압력이 분산되도록 한다.

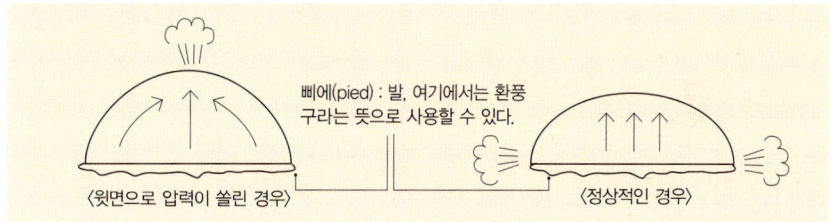

삐에(pied) : 발, 여기에서는 환풍구라는 뜻으로 사용할 수 있다.

〈윗면으로 압력이 쏠린 경우〉   〈정상적인 경우〉

03 이탈리안 머랭으로 만든 마카롱의 경우 시럽을 넣었기 때문에 설탕의 양도 많고 머랭의 거품이 탄탄하다. 같은 이유로 마카롱 옆의 삐에라는 층이 더 두텁게 나온다. 삐에는 마카롱 안의 증기가 나오는 환풍기의 역할일 뿐이므로 많이 나오지 않아도 되며, 많이 내려고 하다 마카롱 껍질과 속이 벌어지는 일이 생기지 않도록 주의한다. 설탕 함량이 높기 때문에 굽는 과정에서 생기는 갈변 현상이 적게 나타나 색도 선명하게 나타나지만, 반면에 상대적으로 식감이 오래 유지되지 않는다.

04 마카롱을 짠 후 말리는 시간은 여름에 40~50분, 겨울에 30분 정도면 충분하다. 여름에는 잘 마르지 않으니 선풍기를 사용하는 것이 좋다.

05 마카롱 반죽이 잘 마르지 않는 경우는 거품이 많이 꺼졌기 때문이다.

06 샌드용 크림과 가나슈는 너무 많이 만지지 않는 것이 좋다. 손의 열 때문에 분리될 수 있고, 가나슈가 녹거나 혹은 결정이 생기기 쉽다.

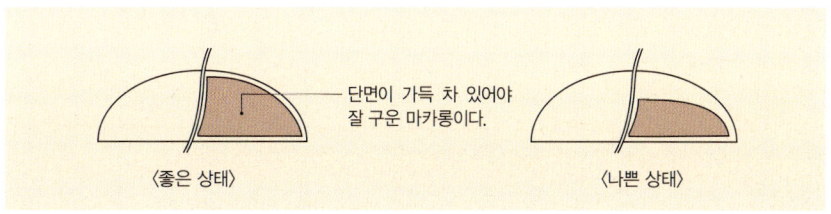

단면이 가득 차 있어야 잘 구운 마카롱이다.

〈좋은 상태〉   〈나쁜 상태〉

기본 마카롱 쉘 만들기

필요한 도구

벤치믹서, 체, 실리콘주걱,
볼스크래퍼, 1.2㎝ 원형깍지,
짤주머니, 실리콘매트, 철판,

재료
마카롱 쉘
[약 70개 분량]

□ 흰자	300g
□ 설탕A	30g
□ 건조흰자	4g
□ C300	2.5g
□ 설탕B	113g
□ 박력분	30g
□ 굵은 아몬드 파우더	216g
□ 100% 슈거파우더	450g
□ 헤이즐넛 파우더	120g
□ 바닐라 슈거	5g

마카롱 가루
체 치는 요령

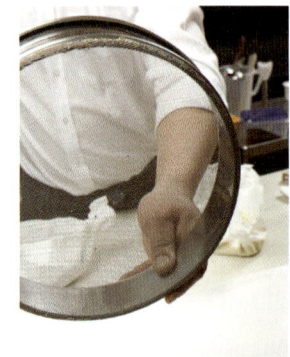

01 아몬드 파우더와 슈거파우더를 함께 굵은 체에 넣은 다음 손으로 가볍게 섞으며 체 친다. 기름이 나올 수 있기 때문에 절대 누르지 않는다.

02 체에 남은 덩어리들은 푸드프로세서에 넣고 가볍게 돌려서 사용한다.

파트 아 마카롱
(마카롱 반죽)

01 2주 이상 냉장 보관한 흰자를 바로 사용하거나 혹은 냉장고 에서 꺼낸 신선한 흰자를 바 형태의 믹서로 가볍게 풀어준다.

02 1을 믹싱볼에 넣고 저속 으로 돌리다가 거품이 살짝 나 면 설탕A, 건조흰자, C300을 넣는다. 중속으로 돌리다가 거 품이 나면 설탕B를 3회에 나눠 넣으며 5분간 돌린다.

03 고속으로 40초~1분간 더 돌리며 사진과 같이 거품을 충분 히 낸다.

04 가루류를 체 친 뒤 3회 에 나눠 넣고 색소를 넣은 뒤 실리콘주걱으로 가볍게 섞는 다. 반죽이 묵직한 상태가 되 어야 한다.

* 반죽이 너무 가벼운 건 아몬 드 파우더가 오래되었거나, 서 늘한 곳에서 보관하지 않았거 나, 밀봉을 하지 않아 기름이 나온 경우에 해당된다.

05 반죽을 바깥쪽에서 몸쪽으로 쓰다듬듯이 힘을 주어 섞는다. 윤기가 나고 짜기 편한 굳기가 될 때까지 섞는다.

* 이 과정을 마카로나주(Macaronage)라고 한다. 머랭으로 모든 재료에 막을 씌워주는 과정으로 마카롱에 광택을 낸다.

06 1.2㎝ 원형깍지를 끼운 짤주머니에 반죽을 담아 실리콘 매트를 깐 철판에 지름 4.7㎝ 원형으로 짠다.

* 매트 밑에 원하는 크기의 원을 그려서 깔면 짜기 편하다.

07 한 판을 다 짠 후 필요한 경우 장식을 한다(코코아 파우더, 카카오닙 등을 위에 뿌려준다). 짠 반죽의 윗면에 꼭지가 없어지도록 손으로 철판 바닥 부분을 가볍게 친다.

08 30~40분간 건조시킨다. 건조가 완료된 후 손가락으로 만졌을 때 묻어나오지 않아야 한다. 컨벡션 오븐일 경우 140~150℃, 전기 오븐은 160℃에서 10~11분간 굽는다. 굽는 도중 철판을 180° 돌린다.

09 충분히 식힌 후 실리콘매트에서 떼어낸다. 부드러워 뜯길 수 있으니 조심스럽게 떼어낸다.

바닐라 마카롱 Macaron à la vanille

필요한 도구
바믹서, 1㎝ 원형깍지, 짤주머니

재료
[약 70개 분량]

마카롱 쉘
□ 흰자	300g
□ 설탕A	30g
□ 건조흰자	4g
□ C300	2.5g
□ 설탕B	113g
□ 박력분	30g
□ 굵은 아몬드 파우더	216g
□ 100% 슈거파우더	450g
□ 헤이즐넛 파우더	120g
□ 바닐라 슈거	5g

가나슈
□ 생크림	500g
□ 바닐라 빈	1.8개
□ 화이트초콜릿	365g
□ 바닐라 플레이버	적당량

보관 방법
냉장고에서 약 5일간 보관

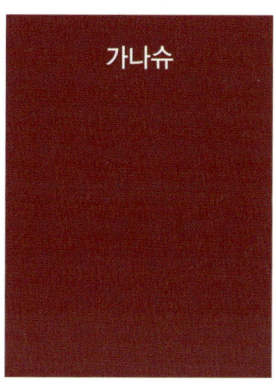

가나슈

01 생크림, 바닐라 빈 씨, 껍질을 넣고 전자레인지에 데운 후 랩을 씌워 5분간 둔다.

02 바닐라 빈 껍질은 빼내고 화이트초콜릿에 3회에 나눠 부으며 실리콘주걱으로 섞는다.

몽타주

01 바닐라 플레이버를 조금 넣고 바믹서로 섞은 다음 랩을 반죽에 밀착시킨 뒤 냉장고에 넣고 짤 수 있을 정도의 굳기로 굳혀 가나슈를 완성하다.

* 굳힌 다음에도 질게 느껴지면 고운 아몬드 파우더를 섞어준다.

02 가나슈를 실리콘주걱으로 가볍게 섞은 후 1㎝ 원형깍지를 끼운 짤주머니에 넣고 구워낸 마카롱 쉘에 짜서 샌드한다. 포장을 할 경우에는 냉장고에 넣어 가나슈를 굳힌 후 한다.

얼그레이 마카롱 Macaron au thé earl grey

필요한 도구

벤치믹서, 체, 실리콘주걱,
볼스크래퍼, 1.2cm 원형깍지,
짤주머니, 실리콘매트, 철판,
바믹서, 랩, 1cm 원형깍지

재료

[약 70개 분량]

얼그레이 가나슈

▢ 생크림	390g
▢ 차가운 물	34g
▢ 트레몰린	30g
▢ 얼그레이 잎	34g
▢ 밀크초콜릿	357g
▢ 버터	120g

마카롱 쉘

▢ 흰자	300g
▢ 설탕A	30g
▢ 건조흰자	4g
▢ C300	2.5g
▢ 설탕B	113g
▢ 100% 슈거파우더	450g
▢ 굵은 아몬드 파우더	336g
▢ 코코아 파우더	24g
▢ 얼그레이 잎 (장식용)	

보관 방법

냉장고에서 약 5일간 보관

얼그레이 가나슈

01 생크림을 전자레인지에
데운 다음 밤새 불려둔 얼그
레이 잎에 붓고 랩을 씌워서
10분간 우린다.

02 1을 체에 걸러 꾹 짜낸
뒤 트레몰린을 넣고 가볍게
데운다.

03 초콜릿을 비커에 넣고
2를 부은 다음 바믹서로 윤
기가 날 때까지 섞는다.

04 35~38℃ 정도가 되면
상온에 둔 버터를 넣고 섞는
다. 버터를 섞을 때는 적정온
도를 유지해야 녹지 않고 고
르게 섞인다.

05 랩을 반죽에 밀착시킨 뒤
냉장고에 넣고 짤 수 있을 정도
의 굳기로 굳힌다.

몽타주

01 파트 아 마카롱(마카롱 반죽)에 체 친 가루를 3회에 나눠 넣고 섞는다.

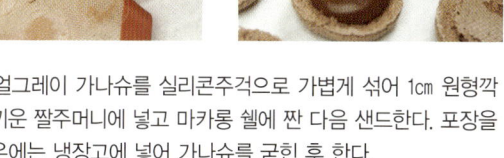

02 마카로나주 작업을 한다.

03 1.2㎝ 원형깍지를 끼운 짤주머니에 반죽을 담아 실리콘매트를 깐 철판에 4.7㎝ 원형으로 짠 다음, 곱게 간 얼그레이 잎을 뿌린다. 철판 바닥을 가볍게 친 다음 파트 아 마카롱과 같은 방법으로 굽는다.

04 얼그레이 가나슈를 실리콘주걱으로 가볍게 섞어 1㎝ 원형깍지를 끼운 짤주머니에 넣고 마카롱 쉘에 짠 다음 샌드한다. 포장을 할 경우에는 냉장고에 넣어 가나슈를 굳힌 후 한다.

로즈 마카롱 Macaron à la rose

필요한 도구

냄비, 온도계, 벤치믹서,
체, 실리콘주걱, 볼스크래퍼,
1.2㎝ 원형깍지, 짤주머니,
실리콘매트, 철판, 1㎝ 원형깍지

재료

[약 70개 분량]

파타봄브 버터크림

□ 설탕	210g
□ 트레할로스	90g
□ 물	113g
□ 달걀	225g
□ 노른자	135g
□ 버터	900g
□ 바닐라 플레이버	적당량

로즈 크림

□ 파타봄브 버터크림	900g
□ 로즈워터	6g
□ 로즈시럽	40g

마카롱 쉘

□ 흰자	300g
□ 설탕A	30g
□ 건조흰자	4g
□ C300	2.5g
□ 설탕B	113g
□ 100% 슈거파우더	421g
□ 로즈색 색소	적당량
□ 굵은 아몬드 파우더	336g
□ 박력분	30g
□ 바닐라 슈거	2g
□ 장식용 식용장미 잎	적당량

라즈베리잼(린저쿠키 참조)

□ 냉동 라즈베리	200g
□ 설탕A	100g
□ 설탕B	50g
□ 펙틴	8g

보관 방법

냉장고에서 약 5일간 보관

파타봄브 버터크림
&
로즈 크림

01 냄비에 설탕, 트레할로스, 물을 넣고 118℃까지 끓인다.

02 달걀, 노른자를 믹싱볼에 넣고 거품을 내다 1을 천천히 부어 빠르게 섞는다.

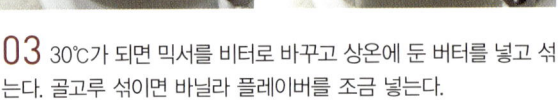
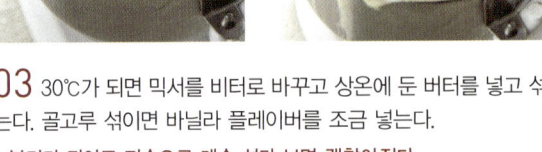

03 30℃가 되면 믹서를 비터로 바꾸고 상온에 둔 버터를 넣고 섞는다. 골고루 섞이면 바닐라 플레이버를 조금 넣는다.

* 분리가 되어도 저속으로 계속 섞다 보면 괜찮아진다.

04 완성된 파타봄브 버터크림에 로즈워터와 로즈시럽을 넣고 섞어 로즈 크림을 완성한다.

몽타주

01 완성된 파트 아 마카롱에 로즈색 색소를 넣고 체 친 뒤 가루류를 3회에 나눠 넣고 실리콘주걱으로 가볍게 섞는다.

02 마카로나주 작업을 한다.

03 1.2㎝ 원형깍지를 끼운 짤주머니에 반죽을 담아 실리콘매트를 깐 철판에 지름 4.7㎝ 원형으로 짠다.

04 짠 반죽 위에 장미 잎을 뿌린다. 철판 바닥을 손으로 가볍게 쳐 파트 아 마카롱과 같은 방법으로 굽는다.

05 로즈 크림을 실리콘주걱으로 가볍게 섞어 1㎝ 원형깍지를 끼운 짤주머니에 넣고 마카롱 쉘에 짠 다음 라즈베리잼을 짜고 샌드한다(라즈베리잼을 짤주머니에 바로 넣어 끝부분만 잘라 짜면 조금씩 짤 수 있다). 포장을 할 경우에는 냉장고에 넣어 크림을 굳힌 후 한다.

피스타치오 마카롱 Macaron à la pistache

필요한 도구

벤치믹서, 체, 실리콘주걱,
볼스크래퍼, 1.2㎝ 원형깍지,
짤주머니, 실리콘매트,
철판, 1㎝ 원형깍지

재료

[약 70개 분량]

피스타치오 버터크림

☐ 파타봄브 버터크림	787g
☐ 프랄린	56g
☐ 피스타치오 페이스트	56g

마카롱 쉘

☐ 흰자	300g
☐ 설탕A	30g
☐ 건조흰자	4g
☐ C300	2.5g
☐ 설탕B	113g
☐ 100% 슈거파우더	450g
☐ 굵은 아몬드 파우더	240g
☐ 박력분	30g
☐ 피스타치오 파우더	96g
☐ 노란색·녹색 색소	적당량
☐ 피스타치오 파우더	적당량
(장식용)	

보관 방법

냉장고에서 약 5일간 보관

피스타치오 버터크림

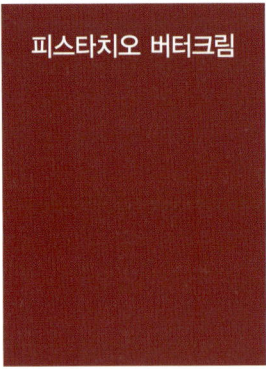

01 로즈 마카롱과 같은 파타봄브 버터크림을 이용한다. 양을 넉넉히 만들어 냉동 보관한 후 전자레인지에 해동해 부드럽게 녹인 뒤 사용해도 좋다.

02 파타봄브 버터크림에 프랄린, 피스타치오 페이스트를 넣고 섞는다.

몽타주

01 완성된 파트 아 마카롱에 노란색, 녹색 색소를 넣은 뒤 체 친 가루류를 3회에 나눠 넣고 실리콘주걱으로 가볍게 섞는다.

02 마카로나주 작업을 한다.

04 피스타치오 파우더를 뿌린다. 손으로 철판 바닥을 가볍게 친 다음 파트 아 마카롱과 같은 방법으로 굽는다.

03 1.2㎝ 원형깍지를 끼운 짤주머니에 반죽을 담아 실리콘매트를 깐 철판에 지름 4.7㎝ 원형으로 짠다.

05 충분히 식힌 후 실리콘 매트에서 떼어낸다.

06 피스타치오 크림을 실리콘주걱으로 가볍게 섞은 후 1㎝ 원형 깍지를 끼운 짤주머니에 넣고 마카롱 쉘에 짠 다음 샌드한다. 포장을 할 경우에는 냉장고에 넣어 크림을 굳힌 후 한다.

오렌지 쇼콜라 마카롱 Macaron à l'orange et au chocolat

필요한 도구
벤치믹서, 체, 실리콘주걱,
볼스크래퍼, 1.2cm 원형깍지,
짤주머니, 실리콘매트, 철판,
바믹서, 1cm 원형깍지

재료
[약 70개 분량]

오렌지 초콜릿 가나슈
□ 생크림	253g
□ 트레몰린	42g
□ 다크초콜릿(55%)	253g

마카롱 쉘
□ 흰자	300g
□ 설탕A	30g
□ 건조흰자	4g
□ C300	2.5g
□ 설탕B	113g
□ 100% 슈거파우더	450g
□ 빨간색·노란색 색소	적당량
□ 굵은 아몬드 파우더	336g
□ 박력분	30g
□ 바닐라 슈거	2g
□ 장식용 코코아 파우더 (색소 색을 보며 조절)	적당량
□ 오렌지콩피	적당량

보관 방법
냉장고에서 약 5일간 보관

오렌지 초콜릿 가나슈

01 생크림에 트레몰린을 넣고 끓인다.

02 다크초콜릿에 1을 1/2 정도 넣고 실리콘주걱으로 천천히 저은 후, 나머지도 넣고 섞는다.

몽타주

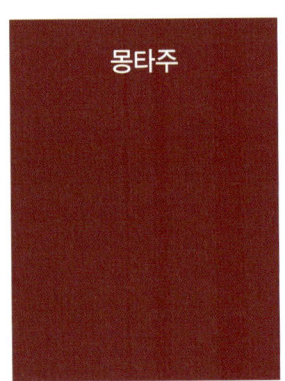

03 바믹서로 반짝반짝해 질 때까지 섞은 후 랩을 반죽에 밀착시키고 냉장고에 넣어 짤 수 있을 정도의 굳기로 굳힌다.

01 파트 아 마카롱에 빨간색, 노란색 색소를 넣고 가볍게 섞는다.

02 체 친 가루류는 3회에 나눠 넣고 섞은 다음 마카로나주 작업을 한다.

03 1.2㎝ 원형깍지를 끼운 짤주머니에 반죽을 담아 실리콘매트를 깐 철판에 지름 4.7㎝ 원형으로 짠다.

04 코코아 파우더를 뿌린다. 철판 바닥을 손으로 가볍게 친 다음 파트 아 마카롱과 같은 방법으로 굽는다.

05 다 구워지면 충분히 식힌 후 실리콘매트에서 떼어낸다.

06 오렌지 초콜릿 가나슈를 실리콘주걱으로 가볍게 섞은 후 1㎝ 원형깍지를 끼운 짤주머니에 넣고 마카롱 쉘에 짠다.

07 오렌지콩피를 얹어 샌드한다. 포장을 할 경우에는 냉장고에 넣어 가나슈를 굳힌 후 한다.

레몬 마카롱 Macaron au citron

필요한 도구

냄비, 온도계, 벤치믹서, 체,
실리콘주걱, 볼스크래퍼,
1.2㎝ 원형깍지, 짤주머니,
실리콘매트, 철판, 1㎝ 원형깍지

재료

[약 70개 분량]

이타봄브식 버터크림

□ 설탕	158g
□ 트레할로스	68g
□ 물	75g
□ 흰자	112g
□ 버터	562g
□ 바닐라 플레이버	적당량

레몬잼

□ 레몬즙	300g
□ 설탕	150g

레몬 버터크림

□ 이타봄브식 버터크림	512g
□ 레몬잼	183g

마카롱 쉘

□ 흰자	300g
□ 설탕A	30g
□ 건조흰자	4g
□ C300	2.5g
□ 설탕B	113g
□ 100% 슈거파우더	450g
□ 레몬색 색소	적당량
□ 굵은 아몬드 파우더	336g
□ 박력분	30g
□ 바닐라 슈거	2g
□ 레몬콩피	207g

보관 방법

냉장고에서 약 5일간 보관

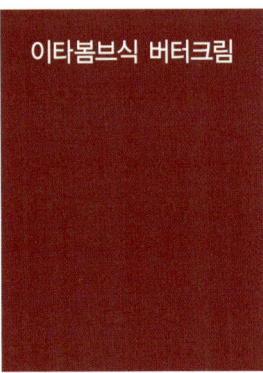

이타봄브식 버터크림

01 냄비에 설탕, 트레할로스, 물을 넣고 끓기 시작하면 믹싱볼에 흰자를 넣고 거품을 낸다. 냄비의 시럽이 118℃가 되면 믹싱볼에 천천히 부어 이탈리안 머랭을 만든다.

02 30℃가 되면 실온에 두어 말랑해진 버터를 넣고 거품기의 속도를 낮춰 식힌다.

03 바닐라 플레이버를 조금 넣고 섞은 후 냉장 보관한다.

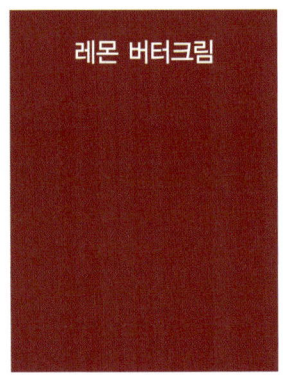

레몬 버터크림

01 레몬즙과 설탕을 냄비에 넣고 끓여 레몬잼을 만든다.

02 이타봄브식 버터크림과
레몬잼을 섞는다.

몽타주

01 완성된 파트 아 마카롱
에 레몬색 색소를 넣은 뒤 체
친 가루류를 3회에 나눠 넣
고 실리콘주걱으로 가볍게 섞
는다.

02 마카로나주 작업을 한다.

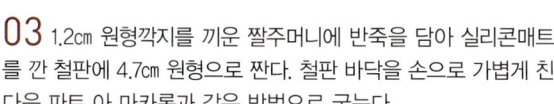

03 1.2㎝ 원형깍지를 끼운 짤주머니에 반죽을 담아 실리콘매트
를 깐 철판에 4.7㎝ 원형으로 짠다. 철판 바닥을 손으로 가볍게 친
다음 파트 아 마카롱과 같은 방법으로 굽는다.

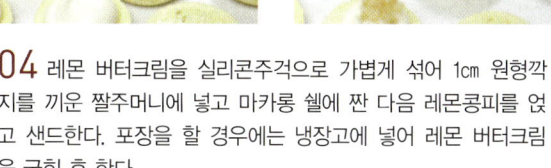

04 레몬 버터크림을 실리콘주걱으로 가볍게 섞어 1㎝ 원형깍
지를 끼운 짤주머니에 넣고 마카롱 쉘에 짠 다음 레몬콩피를 얹
고 샌드한다. 포장을 할 경우에는 냉장고에 넣어 레몬 버터크림
을 굳힌 후 한다.

Part 10

잼

잼

레꼴두스의 수제 잼은 과일의 신선한 맛과 과육의 보존을 위해
첨가물과 설탕을 적게 넣고, 불 위에서 끓이는 시간도 줄였다.
그런 까닭에 다른 곳의 잼과 비교하면 조금 묽은 편이지만,
냉장고에 보관해 두었다가 살짝 굳었을 때
꺼내 먹으면 가장 먹기 좋은 농도가 된다.

스페셜 얼그레이 밀크 잼 Pâte à tartiner au thé earl grey

필요한 도구
냄비, 실리콘주걱, 깨끗한 행주, 소독한 잼 병

재료
[100㎖ 잼 병 약 9개 정도 분량]

□ 우유	1kg
□ 생크림	1kg
□ 설탕	350g
□ 물엿	50g
□ 곱게 간 얼그레이 찻잎	7g

보관 방법
개봉한 후에는 냉장 보관하고, 최대한 빨리 먹는 것이 좋다. 또, 뚜껑을 열 때 '뽁' 소리가 나지 않은 것은 진공이 풀려 변질되었을 수 있으니 주의한다.

01 냄비에 우유, 생크림, 설탕, 물엿을 넣고 센 불에서 끓인다.

* 탈 수 있으므로 바닥을 긁듯이 계속 저어준다.

02 끓으면 약한 불로 줄여 바닥이 타지 않도록 실리콘주걱으로 살살 저어가며 40분간 끓인다. 잼을 떠서 떨어지는 속도로 농도를 파악한다.

03 어느 정도 걸쭉해지면 불에서 내린 후 곱게 간 얼그레이 찻잎을 넣고 섞는다.

* 찻잎을 넣고 끓이면 떫은맛이 나게 되므로 재가열하지 않도록 한다.

04 소독한 병에 잼을 담고 뚜껑을 꼭 닫는다.

05 냄비에 깨끗한 행주를 깔고 잼 뚜껑 아래까지 물을 채운 후 30분간 끓여 진공 상태로 만든 다음 실온에서 식힌다.

딸기 잼 Confiture de fraise

필요한 도구
실리콘주걱, 체, 냄비, 국자,
소독한 잼 병, 깨끗한 행주

재료
[100㎖ 잼 병 약 8개 정도 분량]

- □ 딸기(또는 냉동 딸기) 750g
- □ 설탕A   345g
- □ 트레할로스   115g
- □ 설탕B   30g
- □ 펙틴   3g
- □ 레몬즙   20g

보관 방법
개봉한 후에는 냉장 보관하고,
최대한 빨리 먹는 것이 좋다.

01 냄비에 딸기, 설탕A, 트레할로스를 넣고 고루 버무린 후 끓인다.

02 한 번 가볍게 끓으면 불을 끄고 체에 거른다.

03 과육을 건져내고 과즙만 약 20분간 끓인다.

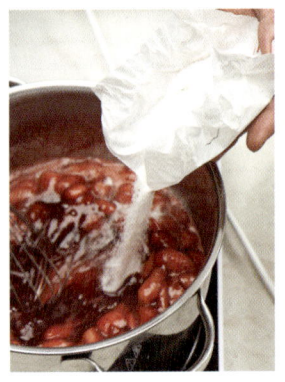

04 조금 걸쭉해지면 건져낸 딸기 과육을 넣고 미리 섞어둔 설탕B와 펙틴을 조금씩 넣으며 거품기로 저어준다.

* 설탕과 펙틴은 반드시 50℃ 이상일 때 넣는다.

* 설탕과 펙틴을 잘 섞지 않으면 열에 닿자마자 응고되어 덩어리지게 된다.

05 거품을 제거하며 약 3분간 끓인다.

06 불을 끄고 레몬즙을 넣는다.

07 뜨거운 물로 소독한 병에 잼을 채운 뒤 뚜껑을 꼭 닫는다. 냄비에 깨끗한 행주를 깔고 잼 병을 넣은 후 뚜껑 아래까지 물을 채우고 30분간 끓여 진공 상태로 만든 다음 실온에서 식힌다.

골드키위 잼 Confiture de kiwi

필요한 도구
과도, 도마, 랩, 거품기, 냄비,
실리콘주걱, 깨끗한 행주,
소독한 잼 병

재료
[100ml 잼 병 약 10개 정도 분량]

□ 골드키위	10개
□ 설탕A	410g
□ 트레할로스	76g
□ 설탕B	16g
□ 펙틴	2g
□ 레몬즙	4g

보관 방법
개봉한 후에는 냉장 보관하고,
최대한 빨리 먹는 것이 좋다.

01 껍질을 벗긴 골드키위를
세로로 4등분한 후 다시 작게
5mm 크기로 썬다.

02 볼에 키위와 설탕A, 트
레할로스를 넣고 랩을 씌워
전자레인지에서 투명해질 때
까지 약 10분 정도 익힌다.

03 냄비로 옮겨 미리 섞어
둔 설탕B와 펙틴을 넣는다.

* 설탕과 펙틴을 잘 섞지 않으면
펙틴이 열에 닿자마자 응고되
어 덩어리지게 된다.

04 거품기로 조금씩 으깨주
면서 5분간 끓인다.

05 5분이 지나면 불을 끄고
레몬즙을 넣는다.

06 뜨거운 물로 소독한 병에 잼을 채운 뒤 뚜껑을 꼭 닫는다. 냄비
에 깨끗한 행주를 깔고 잼 병을 넣은 후 뚜껑 아래까지 물을 채우고
30분간 끓여 진공 상태로 만든 다음 실온에서 식힌다.

오렌지 마멀레이드 Confiture d'orange marmelade

필요한 도구

과도, 도마, 냄비, 체, 믹서, 랩,
깨끗한 행주, 소독한 잼 병

재료

[100ml 잼 병 약 10개 정도 분량]

□ 오렌지	4개
□ 설탕	526g
□ 펙틴	6g
□ 오렌지주스	124g
□ 레몬즙	4g

보관 방법

개봉한 후에는 냉장 보관하고,
최대한 빨리 먹는 것이 좋다.

01 깨끗이 씻은 오렌지를 세로로 8등분하여 가운데 심지를 제거한다.

02 물을 넣은 냄비에 오렌지를 넣고 끓이기 시작한다. 끓기 시작하면 물을 버리고 다시 새 물을 채워 넣는다. 이 과정을 총 세 번 반복한다. 세 번째에는 약한 불에서 약 30분간 끓인다.

* 끓이고 버리는 것을 반복하는 이유는 쓴맛을 없애기 위해서이다.

03 체에 받쳐 물을 완전히 뺀 오렌지, 설탕, 펙틴, 오렌지주스, 레몬즙을 믹서에 함께 넣고 갈아준다.

* 너무 곱게 갈면 식감이 떨어지니 주의한다.

04 냄비로 다시 옮겨 약한 불에서 천천히 끓인다. 이때 즙이 될 수 있으니 주의한다. 한 번 끓고 나면 랩 또는 뚜껑을 씌워 하룻밤을 재우고 다음날 한 번 더 끓여서 쓴맛을 없앤다. 맛을 보고 완성되었는지 결정한다.

* 감귤류는 센 불에서 짧게 끓이면 속껍질이 남아 먹기 불편하므로 다른 과일들과 달리 약한 불에서 끓인다.

05 뜨거운 물로 소독한 병에 잼을 채운 뒤 뚜껑을 꼭 닫는다. 냄비에 깨끗한 행주를 깔고 잼 병을 넣은 후 뚜껑 아래까지 물을 채우고 30분간 끓여 진공 상태로 만든 다음 실온에서 식힌다.

망고 패션프루츠시드 잼 Confiture de grenadille et mangue

필요한 도구
냄비, 거품기, 국자, 스푼,
깨끗한 행주, 소독한 잼 병

재료
[100㎖ 잼 병 약 8개 정도 분량]

- 망고 퓌레   731g
- 패션프루츠 퓌레   93g
- 냉동 망고   37g
- 물   58g
- 물엿   156g
- 설탕A   160g
- 트레할로스   190g
- 설탕B   30g
- 펙틴   4g
- 레몬즙   24g

보관 방법
개봉한 후에는 냉장 보관하고,
최대한 빨리 먹는 것이 좋다.

01 냄비에 망고 퓌레, 패션 프루츠 퓌레, 냉동 망고, 물, 물엿, 설탕A, 트레할로스를 넣고 50℃까지 끓인다.

02 설탕B와 펙틴을 섞은 후 1에 넣고 바닥에 눌어붙지 않도록 거품기로 저으며 5분 정도 끓인다. 거품은 중간 중간 걷어낸다.

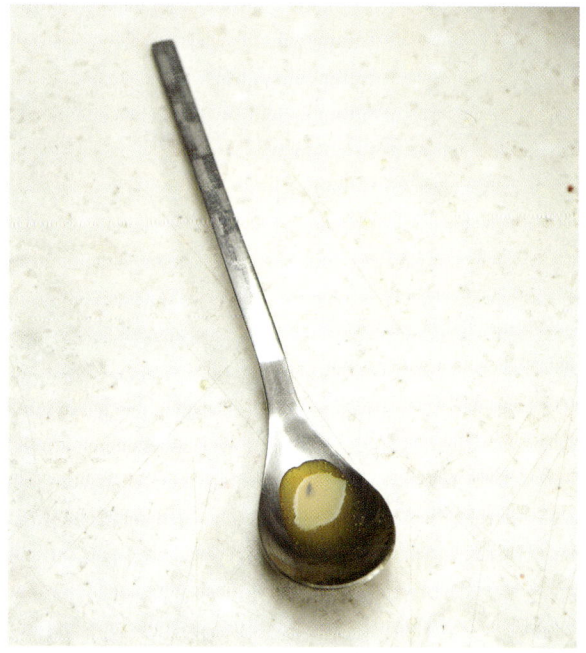

03 스푼으로 조금 떠내 식혀 확인해본 뒤 원하는 굳기로 맞춘다. 더 되직한 잼이 좋은 경우 펙틴을 조금 추가하되, 소량의 설탕과 섞어서 넣는다. 불에서 내린 후 레몬즙을 넣는다.

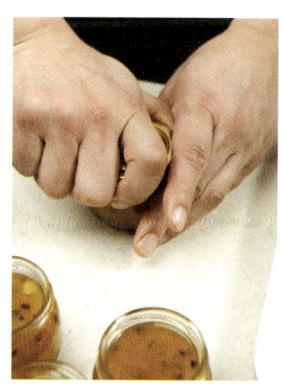

04 뜨거운 물로 소독한 병에 잼을 채운 뒤 뚜껑을 꼭 닫는다. 냄비에 깨끗한 행주를 깔고 잼 병을 넣은 후 뚜껑 아래까지 물을 채우고 30분간 끓여 진공 상태로 만든 다음 실온에서 식힌다.

아삼 & 그레이프프루츠 잼 Confiture de pamplemousse et thé assam

필요한 도구

과도, 체, 냄비, 거품기, 국자,
깨끗한 행주, 소독한 잼 병

재료

[100㎖ 잼 병 약 7개 분량]

□ 자몽	5개
□ 설탕A	75g
□ 트레할로스	125g
□ 설탕B	50g
□ 펙틴	12g
□ 곱게 간 아삼 찻잎	1.5g

보관 방법

개봉한 후에는 냉장 보관하고,
최대한 빨리 먹는 것이 좋다..

01 자몽은 깨끗이 씻어 위 아
래를 자른 뒤 껍질을 제거하고
칼로 자몽 알맹이만 발라낸다.

02 발라낸 자몽을 체에 올
려 즙을 걸러낸다.

* 살을 발라내고 남은 껍질을 꼭
짜서 즙을 낸다.

03 냄비에 자몽즙, 설탕A,
트레할로스를 넣고 가볍게 끓
인다.

04 자몽을 넣고 거품기로
살살 저어가며 알맹이를 풀
어준다.

* 너무 세게 저으면 알맹이가
터져 식감과 모양새가 떨어
진다.

05 50℃가 되면 설탕B와 펙
틴 섞은 것을 넣고 다시 5분 정
도 가열한다. 거품은 걷어낸다.

06 불을 끄고 곱게 간 아삼
찻잎을 넣고 저어준다.

* 불을 켠 채 찻잎을 넣으면 떫은
맛이 날 수 있으므로 주의한다.

07 뜨거운 물로 소독한 병에
잼을 채운 뒤 뚜껑을 꼭 닫는
다. 냄비에 깨끗한 행주를 깔고
잼 병을 넣은 후 뚜껑 아래까
지 물을 채우고 30분간 끓여
진공 상태로 만든 다음 실온에
서 식힌다.

살구 잼 Confiture d'abricot

필요한 도구
냄비, 거품기, 실리콘주걱,
깨끗한 행주, 소독한 잼 병

재료
[100㎖ 잼 병 약 10개 분량]

▢ 살구 퓌레	1,000g
▢ 설탕A	352g
▢ 물엿	200g
▢ 물	70g
▢ 설탕B	224g
▢ 펙틴	40g
▢ 레몬즙	74g

보관 방법
개봉한 후에는 냉장 보관하고,
최대한 빨리 먹는 것이 좋다.

01 살구 퓌레에 설탕A, 물엿, 물을 넣고 50℃까지 데운다.

02 50℃ 이상이 되면 설탕B 와 펙틴을 잘 섞은 다음 1에 넣고 약 3분간 끓인다.

03 불을 끈 뒤 레몬즙을 넣는다.

04 뜨거운 물로 소독한 병에 잼을 채운 뒤 뚜껑을 꼭 닫는다. 냄비에 깨끗한 행주를 깔고 잼 병을 넣은 후 뚜껑 아래까지 물을 채우고 30분간 끓여 진공 상태로 만든 다음 실온에서 식힌다.

L'ecole douce & Hôtel douce's story

레꼴두스의 시크릿 레시피

저자	정홍연
발행인	장상원
편집인	이명원

초판 1쇄	2012년 11월 10일
8쇄	2025년 8월 1일

발행처	(주)비앤씨월드
	출판등록 1994. 1. 21. 제16-818호
	주소 서울특별시 강남구 선릉로 132길 3-6 서원빌딩 3층
	전화 (02)547-5233 팩스 (02)549-5235

진행	사미래
사진	김민수(23st)
스타일링	김진영
디자인	박갑경

ISBN 978-89-88274-84-2 23590

text ⓒ 정홍연 2012 printed in Korea
이 책은 신 저작권법에 의해 한국에서 보호받는 저작물이므로
저자와 (주)비앤씨월드의 동의 없이 무단전재와 무단복제를 할 수 없습니다.

http://www.bncworld.co.kr